情報満載で日本の酪農を支えます！

# Dairy Japanのホームページ

最新の酪農乳業界のニュースをいち早くお届け！
DJニュースや、編集部スタッフのおすすめ情報・取材後記を随時更新！
スタッフブログなど、充実した情報が満載！

Dairy Japan　(株)デーリィ・ジャパン社

〒162-0806 東京都新宿区榎町75番地 TEL 03-3267-5201 FAX 03-3235-1736

改訂版

# それでも基本は 発情を見つけて 種を付ける

## 繁殖における「酪農家」「獣医師」「授精師」の役割


黒崎 尚敏

安富 一郎

鈴木 保宣

奥　啓輔



Dairy Japan

# 「繁殖成績の急速な回復」は可能である

2007年に拙著『それでも基本は発情を見つけて種を付ける』が発行されて、9年が経過しました。この間にも多くの酪農家が廃業し、一方では規模の拡大が加速しています。同時に、日本における繁殖成績は依然として低迷を続けています。

こうした日本の現状とは裏腹に、アメリカでは「繁殖成績の急速な回復」が起きています。はたして何がアメリカで起きているのでしょうか？ 1995年にR. Pursleyによって開発されたオブシンクとその改良・普及、そして2000年を境に、その妊娠率が急速に回復している事実は、まさにシンクロナイズしています。周知のとおり、「妊娠率＝発情発見率（授精機会）×受胎率」で表せます。当初、オブシンクは、この授精機会を向上させることによって、その妊娠率を大きく向上させましたが、もう一方の受胎率を向上させることはできなかったのです。しかし、この20年間のたゆまぬ研究成果によって、このオブシンクによる受胎率も向上させることが逐次可能となり、結果、その妊娠率が急速に回復する原動力となりました。

ウィスコンシン州立大学のP. Frickeは、その講演の題目として、「乳量3万ポンド（約1万3600kg）で妊娠率30％を達成する」として、その方法論を展開しています。アメリカでの繁殖は、過去に類を見ない妊娠率を高泌乳牛群で達成しつつあります。

今回は、この最先端のオブシンク理論と方法について、その開発から今日に至るまでを理論的、方法論的な推移について考察しました。専門的用語もあえてそのまま使っていますが、ぜひ獣医師を含めた繁殖管理担当者に参考にしていただければと思います。

ほかにも新たな項目も追加されていますが、すでに同じ項目として存在するものについても以前の記述はそのままにして追加されています。これは、改訂上の煩雑さを避ける目的もありますが、新たな項目との比較もしながら読んでいただくことによって、より理解がしやすくなると思うからです。同時に、その説明や表現は変わっても、その過去から一貫して変わらぬものが多くあることに気づいてもらえれば幸いです。

今回は、ゲスト筆者として、㈱ゆうべつ牛群管理サービスの安富一郎先生、㈲あかばね動物クリニックの鈴木保宣先生、そして当社の奥啓輔獣医師に、いくつかの項目を担当してもらいました。わかりやすく、現場的であり、そして斬新な視点で繁殖を解説してくれています。上述したように、重複した項目も多くありますが、両方をお読みいただくことによって、より理解を深め、その重要性に気づいてもらえるものと思います。

繁殖管理に携わる多くの人々と、その苦労を、本書を通して共有でき、少しでも繁殖性の回復に役立つことができれば幸甚です。

最後に、非常に多忙ななか加筆にご協力いただいた安富一郎先生、鈴木保宣先生、当社の奥啓輔獣医師に改めて感謝申し上げるとともに、本書の増補・改訂を強く後押しいただきました㈱デーリィ・ジャパン社に深謝いたします。

2016年1月

㈱トータルハードマネージメントサービス
獣医学博士　黒崎 尚敏

## 繁殖成績の8割は管理者にかかっている

今回の、この改訂を出版する依頼を黒崎尚敏先生からいただき、即答で承諾しました。黒崎先生が農業共済組合を辞められ単身渡米し、そして帰国後、トータルハードマネージメントサービスを開業されたちょうどその頃、私は帯広畜産大学を卒業した直後にアメリカ・ウィスコンシン州に行き、酪農を体験しながら将来像を描いていました。そのときの私にとって、黒崎先生のそうした姿は目標になりました。今年は、黒崎先生がトータルハードマネージメントサービスの代表を退任され、最前線から身を引かれた節目の年でもあります。そうしたなか、こうした機会をいただくことになったのも、私にとって、ご縁のようなものを感じております。この業界のなかで先頭を走り続けてこられた黒崎先生に敬意を表します。

繁殖は、酪農にとって最も重要な管理であります。そして、これほど人の関わり方が大きく影響し、なおかつ結果も出しやすい（反対に、出しにくいことにもなり得る）分野もないでしょう。私はいつも、「繁殖成績の8割は、その管理者にかかっている」と言ってきました。努力すれば成績が上がると信じてよい――私は現場で、そうした光景を数多く見てきました。だからこそ、その「成果＝奇跡」を正しく表現できるモニターが必要であり、直腸検査という診療行為以外のところで、よく語り合い、問題を共有することが、繁殖を改善する近道であると考えています。

今回の改訂で私が担当する部分は、毎日、繁殖担当者の方と語り続けている内容ばかりです。妊娠率とは何か？――それを正しく理解し説明できれば、繁殖が良くなる第一歩を踏み出したことになります。繁殖成績は人の努力に必ず答えてくれます。それを実感するためにも、妊娠率の測定が必要不可欠なのです。

また現在、繁殖管理の周辺の技術革新も目を見張るものがあります。活動量のモニターによって発情発見するシステムは、定時授精の本場であるアメリカでさえも注目されてきました。またジェネティクス（遺伝学）からのアプローチも起こっており、その主役であるゲノムは、今後の酪農を大きく変えるキーワードになっていくはずです。

技術や知識は日々進化し、変化していきます。毎日終わりなき挑戦を続ける繁殖担当者にとって、本書が、面白く、かつ少しでも役に立ち、明日へのモチベーションになれば幸いです。

2016年1月

㈱ゆうべつ牛群管理サービス
代表取締役　安富 一郎

# CONTENTS

## 第4章　繁殖パフォーマンスのモニターとそのゴール…………41



## 第5章　繁殖状況の的確な表現とは

# 第1章

# 【繁殖障害】多要因病としての整理

繁殖問題は多要因病（Multi-Factorial）であることは、よく知られています。したがって、繁殖障害を考えるとき、これらを十分に整理して考える必要があります（図1-1～1-3）。

図1-1　低Ca血症牛と正常牛の妊娠スピードの違い

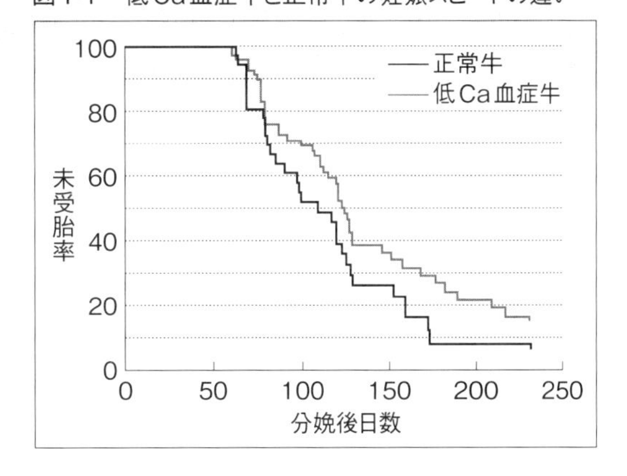


図1-1は、分娩時の低カルシウム血症牛と正常牛の、その後の妊娠スピードを比較しています。分娩時に低カルシウム血症を経験した牛の繁殖性が低下していることを示しています。

図1-2　乳房炎と繁殖障害

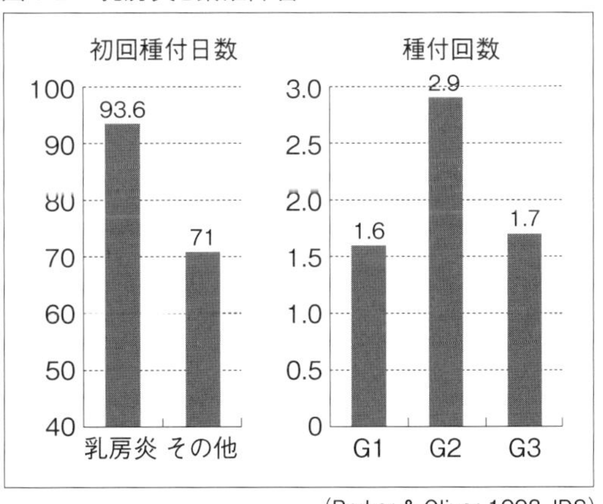


（Barker & Oliver 1998 JDS）

図1-2は、乳房炎罹患経験牛の初回種付け日数の延長と（図の左）、種付け中の乳房炎が種付け回数に影響すること（図の右）を示しています。

図1-3は、これも周知のこととして、蹄病が強く繁殖に影響していることを示しています。このほかにも、コンクリート床と繁殖性（Britt、1986）など、さまざまな要因が絡み合って

います。

こうした多要因に関して、カナダの研究者D. J. Ambroseは、繁殖問題を大きく四つの側面として、①人（Human）、②牛（Animal）、③栄養（Nutritional）、そして④環境問題（Environmental）に区分して、その問題を整理しています。

さらにSengerは、これらのそれぞれのマネージメントにおいて、より人が関与しやすいものと、そうでないものを分けて考えることを提案しています（図1-4）。この図は、繁殖性の向上に関しての重要性を縦軸に、そのマネージメントに対する関与の簡易性（Potential to Manage）を横軸において整理しています。すなわち、繁殖問題を改善していくうえで、より重要性の高いマネージメントであると同時に、より人が関与しやすいものを整理して、それが優先されるべきである、と述べているのです。

図1-3　蹄病と繁殖

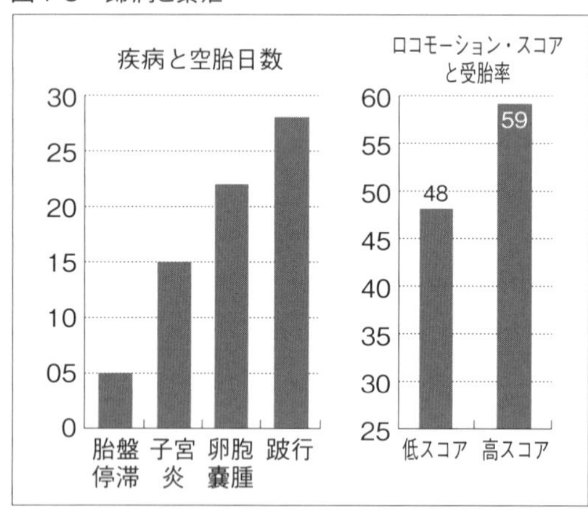


（Lee 1989）（ABS Global Technical Service）

いずれにしても、これらに共通するのは、“人”がどう繁殖に関与するのかということです。さまざまなホルモン管理や栄養管理、そして牛群管理技術が駆使されたとしても、そこに関わる人々の思考と姿勢、そして技術が明確でなければ、その農場の繁殖性は改善しないということです。

図1-4　繁殖性に影響する要因

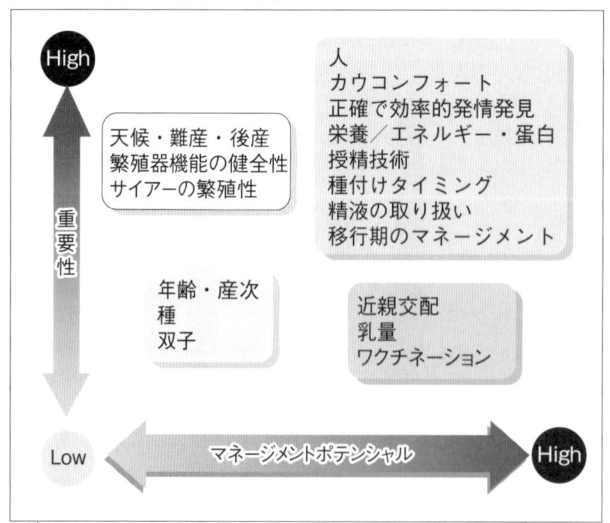


（Senger 2001）

酪農場のマネージメントが常に全体像（Total Picture）を見ながら取り組まなければならないように、繁殖障害と闘う際にも、これらを整理したうえで、人の役割、すなわち酪農家･授精師･獣医師ら、農場において繁殖に関わる人々が、それぞれの役割を認識し実践していかなければなりません。

##  人のマネージメント＝酪農家

### 1）発情発見：受胎への引き金（Trigger）

受胎に最も近く重要な酪農家の行為は、「授精師に電話をすること」です。これ以上もこれ以下もありません。人工授精を行なっているかぎり、この行為なくして受胎することはあり得ないことを、酪農家はもっと真剣に考えるべきです。1日の終わりに、「今日は授精師さんに電話ができたのかどうか」「明日はどうか」、必ず頭に思い浮かべるべきです。

しかしながら実際には、多くの農場で、それは極めて不十分であるのが現状です。

繁殖で不満を持っている酪農家の多くは、授精延べ頭数そのものが少ないことが多くあります。そして、この授精師への電話を増やすためには、「発情発見が重要だ」ということになります。R. Nebelは、発情発見を「受胎のための引き金」であると述べていますが､酪農家が発情を発見し､それを授精師に「電話をする」､その行為が「受胎への第一歩（引き金:Trigger）だ」ということを、もう一度真剣に考えるべきでしょう。この行為こそを「発情発見」と呼ぶべきなのです。

そして酪農家はもちろん、授精師や獣医師も、その農場の受胎率や空胎日数あるいはJMRなどをモニターしても、この発情発見（率）をモニターし、それを授精行為につなげていることは少ないようです。

酪農家が「発情を発見し、授精を電話で依頼する」――すべてはここから始まるのです。もし、その農場の受胎率が仮に40％であったとすると、酪農家が1日に一度、1頭の授精依頼を毎日できれば、その農場は少なくとも一月に

12頭の妊娠牛を得られることになるのです。1日に朝昼1頭ずつの授精依頼ができれば一月に24頭の妊娠牛が得られるという行為は、単純ではあるものの、最も重要な行為であることを、もう一度確認すべきです。

繁殖に関わる複雑な理論や方法が提案されればされるほど、この基本の重要性は増してくるのです。繁殖検診や定時授精プログラムも、基本にあるのは、この発情の発見を増やすということなのです。大きい農場も小さい農場も、この一点において変わりはありません。

## 2）酪農家と授精師が認識すべき妊娠価値

「発情発見と授精師への電話」が受胎への引き金であれば、「授精」は弾丸そのものです。せっかくの引き金も、弾丸が発射されなければ的を射ることは決してないことを、酪農家も授精師も、もっと考える必要があります。

酪農現場で、せっかく発情だと思って授精師を呼んでも、授精してもらえないということがよくあります。実際に間違った発情発見であったこともあるでしょうし、直検だけでは判断しにくいものでも真の発情であったこともあるでしょう。これをどう整理して考えるべきでしょうか。

Dairy Comp 305（米国のデーリィコンプ305プログラム＝牛群管理プログラ、Valley Agricultural Software）の計算から、「受胎の価値」を日本の価値・価格で割り出すと、平均的な農場の「妊娠価値」は、おおよそ13～16万円のなかに入ります。この妊娠価値は農場によって異なります。すなわち、繁殖問題が大きな農場では、その妊娠価値はより大きくなり、反対に、繁殖性の良い農場の妊娠価値は、相対的に低くなります。また、乳価が上がったり、子牛や育成牛の値段が上がれば、その妊娠価値は上がり、廃用の値段が上がれば、その価値は下がります。さらには、その農場の産次ごとの淘汰率や乳量なども考慮します。今、この妊娠価値を仮に13万円と低く見積もって、その「弾丸発射（授精行為）の重要性」を考えてみましょう。

**例1**

授精技術料が4500円（1回目のみ）、精液代が3000円、受胎率40％（平均授精回数2.5回）の農場があるとします。今、この農場における種付けの経済を、上記の妊娠価値13万円を基に考えてみましょう。

①この農場の受胎牛1頭に要するコストは、4500円＋（3000円×2.5回）＝1万2000円となります。

②妊娠価値は13万円です。

③リターンは、1万2000円：13万円≒1：10、つまり10倍の価値です。

こうしたコストパフォーマンスを、獣医師でありDairy Comp 305開発者の一人であるC. Jamsonは、妊娠することに関して、「そのコストがかかりすぎるということはない」と述べています。

**例2**

では次に、実際の農場で授精師が、授精をするべきか・すべきでないかという状況を考えてみましょう。酪農家は発情徴候があると思い、種付けを依頼しましたが、授精師の直検では、どうもはっきりしないという場面です。発情の可能性は50％です。さて、その経済はどうでしょうか？

①授精料金と酪農家の受胎率は《例1》のとおりです。

②発情の可能性は50％（真の発情を得るのに2回の発情発見が必要）です。

③したがって1頭の受胎に要するコストは、4500円＋（3000円×2.5回×2回）＝1万9500円です。

④リターンは、1万9500円：13万円≒1：6.6、つまり6.6倍の価値です。

依然として大きな見返りがあることになります。授精師は、もし直腸検査で迷うことがあったら、この例を思い浮かべてくれると良いのではないでしょうか。

*

繁殖問題を乗り越えるための最も重要で基本になるステップは、「授精頭数を増やす」ということです。そして、そのための大事なことが「発情の発見」であり、「授精師を農場に呼ぶ」という行為であることを再確認しましょう。

# 2 発情スタンダードの変化!?

## 1）発情周期の変化

発情の周期は一般に21 ± 3日程度と理解されていますが、高泌乳牛群が揃う現在の牛では、少しずつ変化が現れているようです。

**表1-1**は、J. F. Rocheによって示された最近のホルスタインの卵巣機能の変化です。正常といわれる発情周期を示した牛は、12年間で53%まで低下しています。これは、すでに何が正常なのかわからない状態を示しています。

**図1-5**は、2013年に示された発情周期の変化です。発情周期は幅広くあることと同時に、明らかに22～23日が中心になっていることを示しています。発情周期の生理的な変化にも留意する必要があります。

表1-1　卵巣機能の変化

| 卵巣活動パラメーター | 12年前の中泌乳フリージアン | 最近の高泌乳ホルスタイン |
|---|---|---|
| 調査した発情周産期 | 448 | 463 |
| 正常発情周産期（%） | 78 | 53 |
| 初回排卵までの延長（%） | 7 | 21 |
| 黄体期の延長（%） | 3 | 20 |

（J.F.Roche）

図1-5　発情周期の変化

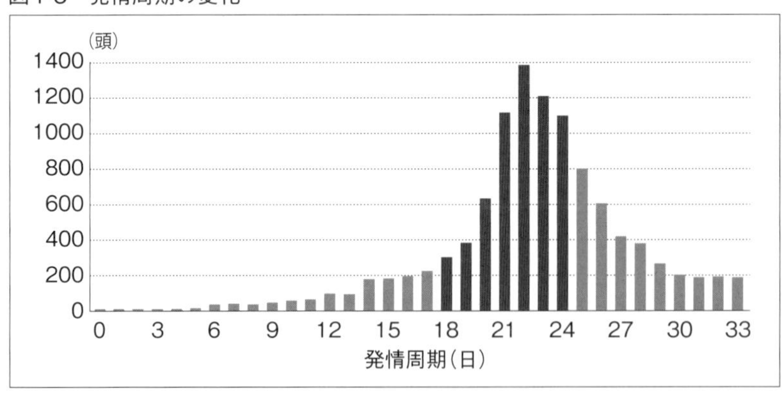


（J. Stevenson, 2013）

## 2）スタンディング回数と発情時間の変化

過去から発情の基本として、スタンディングとマウンティングがあります。

図1-6 Heat Watchによる発情観察結果

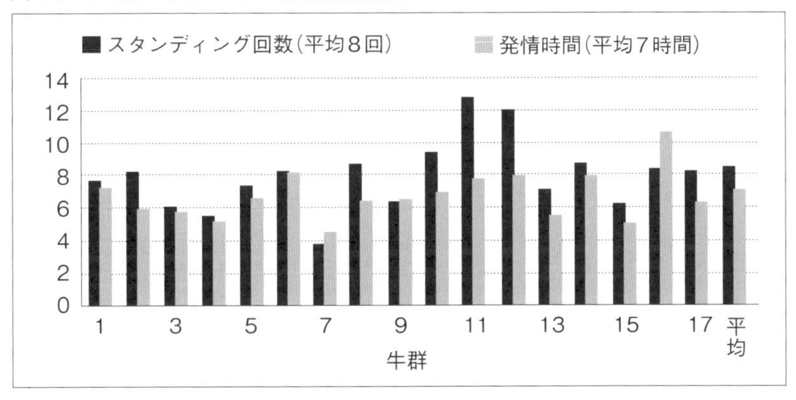


酪農家は、これを発情の基本として認識し、それを基に授精のタイミングをはかってきました。しかし、これも大きな変化が起こっているようです。

**図1-6**は、コンピュータによる発情モニター装置（Heat Watch）による発情の観察結果です。多くの農場のスタンディング回数が平均で8回程度しかないこと、そして発情時間そのものが平均7時間程度と極めて短時間に終了し、そのなかの50%は8時間以下の発情時間でしかなく、さらに30%は4時間以下であったということです。

マウント回数も、高泌乳牛は低泌乳牛に比べると、その回数は3分の1に低下していたと報告されています。

またNebelも、育成牛に発情時間などの大きな変化は見られないが、搾乳牛では、その発情時間とスタンディング回数の著しい低下が見られることを報告しました（**表1-2**）。

いずれにしても、搾乳牛（高泌乳牛）が過去のように明確な発情を10数時間も示すことは、むしろ少ないと考えられます。これらの大きな原因として、高泌乳牛の代謝量との関係が明らかにされつつありますが、いずれにしろ、われわれがスタンダードとして考えてきた発情は変化し、発情が半日以上も続き、スタンディングやマウンティングが10数回も起きることを期待するのは、むずかしくなっていると考えるべき

表1-2 発情時間と発情行動

| | 育成牛 | 搾乳牛 |
|---|---|---|
| 供試牛 | 114 | 307 |
| スタンディング回数 | 16.8<br>±12.8 | 7.2<br>±7.2 |
| 発情時間 | 11.3<br>±6.9 | 7.3<br>±72 |

（Nebel1997）

でしょう。

これを「異常」と考えるかどうかということです。私は、こうした変化を、むしろ「発情のスタンダードが変化している」ととらえています。すなわち、発情は秘かに素早くやってきて、素早く終わってしまうものも多い――異論のある人もいるでしょうが、この事実はアメリカだけでなく日本でもNakaoらによってすでに確認されていることです。

## 3 発情発見の困難性

したがって、過去からの慣習のように厳密な発情周期やスタンディングとマウンティングだけを発情発見の指標にしている人は、発情を見逃すことが多いということになります。実際にスタンディングがあるとしても、前述の発情時間とスタンディング回数の平均値からすると、発情期間（時間）は発情サイクルの2%、スタンディング時間は全発情期間の0.2%以下でしかありませんから、並な観察では見逃してしまうということになります。

図1-7は、乳量と発情持続時間を示しています（第8章参照）。高泌乳牛ほど発情の持続時間が短くなり、その発情発見をより困難にすることがわかります。多くの高泌乳農場で繁殖に問題が生じる大きな要因が、このことにあると思います。筆者の経験から述べさせてもらえば、これらの牛が同時に受胎性も低下していることは少ないと思います。いかにこの短い発情を見つけて授精するかが第一義的に重要です。

図1-7　乳量と発情持続時間

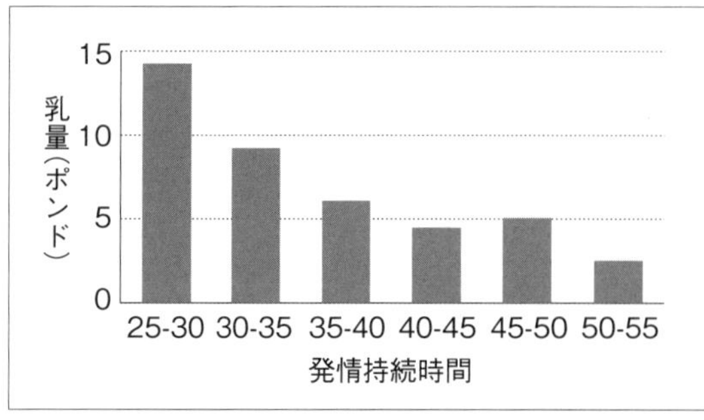


（M. Wiltbank, 2005）

私の顧客の、ある酪農家は、よくこう言います。「スタンディングやマウンティングなら小学生でもわかる。われわれはプロの酪農家なのだ」

発情発見には、スタンディングやマウンティングを見逃さないということはもちろん、そうでない発情の二次的な徴候によって発見する努力が必要だと思います。アメリカで繁殖専門医の資格を持つDonald Sandersは、その著書のなかで、これらを総称して「観察されない発情」と呼んでいます。

## 4 発情発見のための観察

発情発見が以前にも増して困難な作業になっていることを認識して、その発見に努めなければ、「受胎への引き金」を引くことはできません。

1日に数回の発情観察が推奨されるのは、そうした理由からです。観察のポイントは、どんな場合も、同じ時間に、同じポイントで、同じ手順で行なうことです。これによって普段と違う行動や徴候を発見しやすくなります。

また、牛が安静にしているとき、あるいは行動を開始する時間（搾乳パーラーやパドックへの移動）などがポイントになります。安静にしているときには、牛の陰部や粘液を観察しやすい利点がありますし、動き回る牛が目立ちます。行動を開始する時間帯には、マウンティングなどの行動が誘発されやすいといわれています。

## 5 授精のタイミングの考え方の変化

過去から推奨されている方法に、「AM-PM法」〔発情を朝（午前）に見つけたら、授精を夕方（午後）に行なう〕があります。これは発情（スタンディング）が12～15時間も続き、排卵は最初のスタンディングから24～30時間後に起こるという研究がベースになっています。したがって、乳牛の発情スタンダードが変化してきている現在では（育成牛は別）、これでは授精が遅すぎることが心配されています。

Roy Fogwellは、「AM-PM法は授精が遅すぎることがあっても、早すぎることはない」と述べています。またW. Stoneは、「最初の発情発見（最初の発情という意味ではありません）から2〜10時間以内の授精」を推奨しています。さらにRay Nebelは、「1日に3〜4回の発情発見ができている農場ではAM-PM法でもよいかもしれないが、1日に2回程度の発情発見であれば、発情から4時間以内に授精すべきであるし、1日に1回程度の発情発見を行なっているのであれば、授精は、それが可能な直近の時間に行なうべきである」と述べています。

**図1-8**は、発情から授精までの間隔が受胎率に及ぼす影響（M. B. G. Dransfield）を示していますが、確かに10〜12時間が最も高い受胎率を示している一方で、2時間後からでも40%の受胎率を示し、4時間以降では50%を超えてくることを示しています。

**図1-9**は、授精のタイミングと受精率の関係を示しています。発情開始直後より時間を置いたほうが、精子と卵子が合体する可能性が高くなることを示しています。そして**図1-10**は、授精のタイミングと胚の変性する率を示してい

図1-8　発情から人工授精までの間隔が受胎率に及ぼす影響

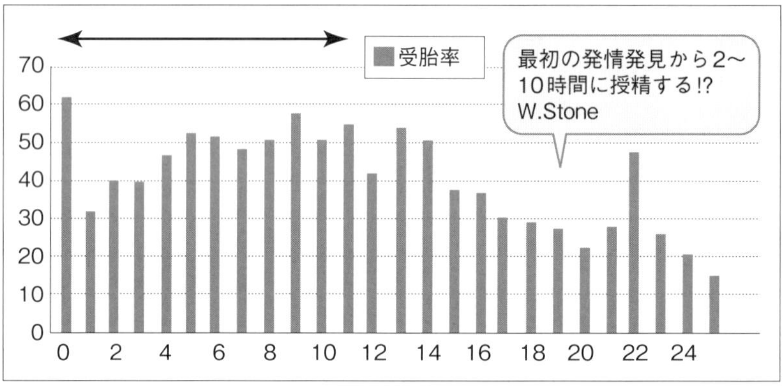

受胎率

最初の発情発見から2〜10時間に授精する!?
W.Stone

（M.B.G.Dransfield 1998）

図1-9　授精時期と受精率の関係

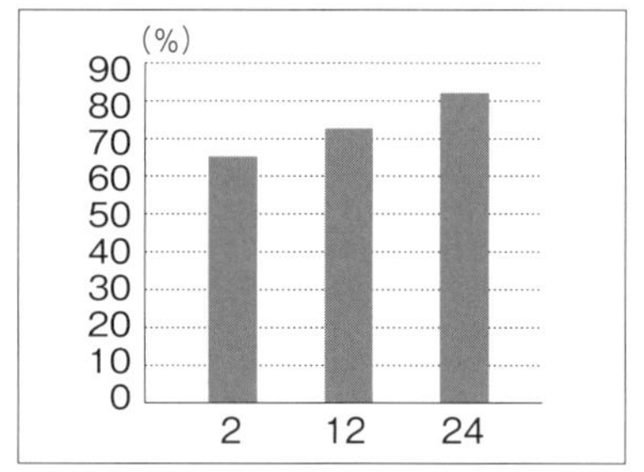


（Saacke 2000, Anim.Repro.sci.）

図1-10　授精時期と胚性状の関係

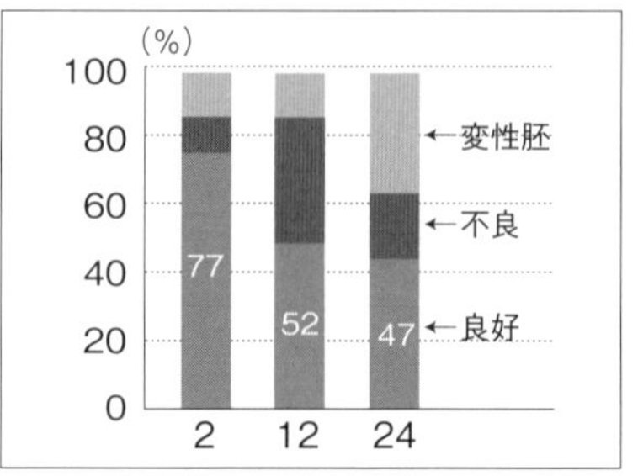


（Saacke 2000, Anim.Repro.sci.）

図1-11　授精時期と胚死滅と受胎率の関係

| 0時間 | 12時間 | 24時間 |
|---|---|---|
| 77％×66％＝50.1％ | 52％×72％＝37.4％ | 47％×82％＝38.5％ |

ます。人工授精が遅れるほど、胚の品質が低下することが示されています。早期の胚死滅や流産の一因が、この胚の変性によることがうかがえます。これら両者を図1-11のように考えると、やはり、早めの授精が結果として最終的な妊娠率を向上させるのではないかと推察されます。とくに、発情発見頻度の低い農場では、発情発見時すでに発情から時間が経過してしまっていることが問題になります。

今一度、自分の農場の発情発見と授精のタイミングを考えてみてはいかがでしょうか。もちろん、これには授精師の協力が絶対に必要になります。

## 6 繁殖は「追跡するもの」という認識

「発情は再発するものである」ということを認識して、それを追跡する必要があります。一度、種付けをして、それで安心すべきではありません。どんなにその発情がすばらしくても、再発が来ると確信して、それを見つけ出す努力が必要です。カンサス州立大学のJeffrey Stevensonは、「繁殖とは追跡である」と述べています。

＊

酪農家が発情を見つけ授精師を呼ぶことが「受胎の引き金」だということをもう一度認識し直し、積極的な授精を考えるべきでしょう（早期妊娠鑑定技術はそれをサポートしますが、後述します）。一方で、発情のスタンダードが変化していることを意識して、それに対応しなければならないでしょう。高い乳生産に即応した発情発見と授精態勢を考える必要があると考えます。

# 第2章 人工授精師と人工授精技術

「授精という行為が、どれほど価値のあることか」ということを前章で述べましたが、それに伴う授精技術は、農場の繁殖パフォーマンスに直接的な影響を与えるものです。この技術が劣悪であっては、酪農家のさまざまな努力は水の泡となってしまいます。また正しい授精技術は、授精師だけのものではありません。その正しい手技を理解することは、酪農家自身にとってもメリットがあることを理解すべきでしょう。

本章では、その授精師と人工授精技術について、もう一度その基本を復習し、自分の農場と比較してみましょう（本稿中でSSマークを付けた写真は、セレクトサイアー社の授精教育DVDからのものです）。

## 1 精液（ストロー）の保管

授精技術では、供給された精液を、どれだけ高い品質を維持したまま子宮体まで注入できるかということが最も重要な要素になります。それを実行するためには、繊細で行き届いたマネージメントが必要となります。

### 1）精液タンクへの液体窒素の充填の日時や量を記録する（写真2-1）

タンクへの液体窒素の充填は必要不可欠なものです。充填は定期的に行なわれ、常にその日時と量を記録することが大事です。このことは最も重要な精液マネージメントといえます。もし、これがいい加減であれば、その精液の品質は信頼できません。保管用、携帯用、どちらのタンクの管理も重要です。

## 2）精液タンクの保管場所は衛生的で、直射日光を避ける

写真2-1　各タンクへの液体窒素の充填日と量が確認できる

## 3）精液タンクは、移動の際、十分に被覆・固定され、振動や破損から守られていなければならない

保定が不十分なタンクは、移動の際に強く振動し、精液に影響を与えます。また、衝撃によるタンクの凹みは、その断熱効果を減弱します。タンクは保護・保定され、凹みや損傷があってはなりません（写真2-2）。

写真2-2　車両後部にタンクを垂直に固定する型枠がはめられ、振動・衝撃を最小限に抑え、保護される工夫がなされている

## 4）精液タンク内の温度管理

写真2-3・2-4は、タンク内の温度モニター用のアンプルです。アンプルには2種類・2色（青と赤）のアンプルが取り付けられています。これらを常に精液タンク内のキャニスター内に設置しておきます。

この2種類の溶液は融点が違っていて、その温度感作程度を知ることができます。こうしたものをタンクに入れることによって、「精液の品質を管理する」という姿勢が正されます。もし、これらが溶解した形

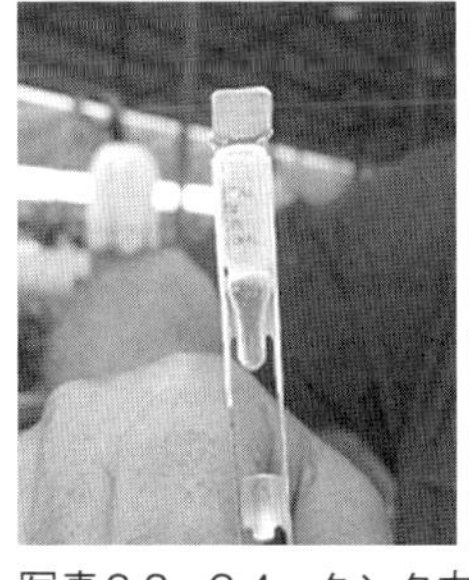

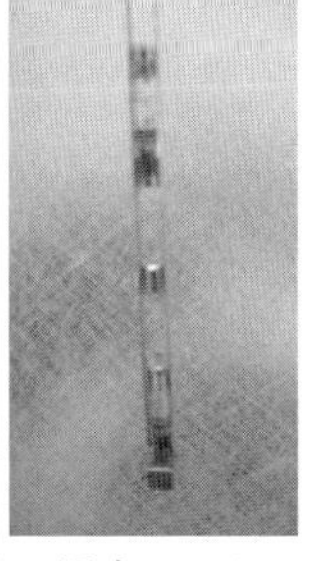

写真2-3・2-4　タンク内の温度モニター用のアンプル。これらを常に精液タンク内のキャニスター内に設置しておく。この2種類の溶液は融点が違っていて、その温度感作程度を知ることができる

跡が見つかれば、授精師はそのタンク内にある精液の品質を検査し、場合によっては廃棄処分しなければなりません。同時に、こうした温度センサーを設置することによって、安易に精液をタンクの口から高く持ち上げるようなことも少なくなるでしょう。安価ですが、非常に価値のあるものだと思います。

### 5）授精専用車

写真2-5　当社の授精専用車

写真2-6　タンクの保護保定と車内テーブル

写真2-7　3台のストロー解凍用ポットを用意。水は毎朝交換する

写真2-8　ストローカッターの衛生とタイマー

写真2-9　当社授精師。超音波装置とロッドウォーマー。農場へ行く前から注入器の保温をしておく

## 2 精液（ストロー）の取り出し

精液の取り出しは、細心の注意が必要です。安易な取り出しが、キャニスター

内のほかの精液を傷つけています。凍結ストローを取り出すとき、必要以上にキャニスターを持ち上げてはいけません。**図2-1**は、取り出し口の温度分布を示しています。タンクの口から数インチ（8～10cm）以下を「液体窒素温度帯」といいます（**写真2-10**）。これ以上持ち上げると温度帯が華氏－100度（摂氏－74度）以上になり、精液にダメージを与え続けることになります（**図2-2**）。

取り出しの際に長めのピンセットを使うことが、そうした危険性を少なくするでしょう。短いピンセットや手による出し入れは絶対禁物です。

素早くストローを出し入れするためには、精液タンク内で目的のストローが、どのキャニスターに入っているか整理されている必要があります。タンクを開ける前に、取り出すべきキャニスターがしっかり確認できるよう、タンクのそばにメモなどを置いておくことは大変に意味のあることです（**写真2-11**）※注1。

図2-1　タンク温度モニター

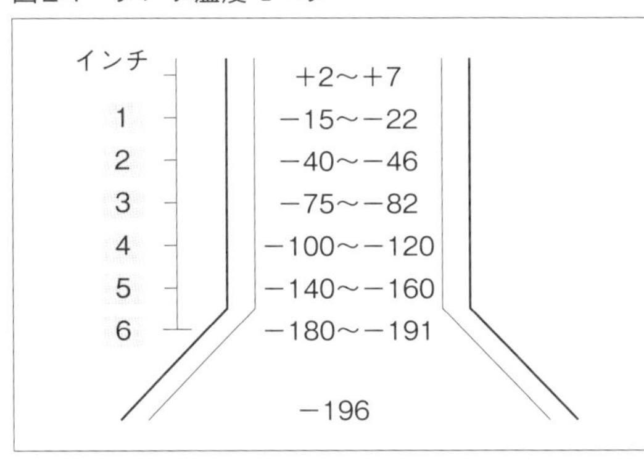


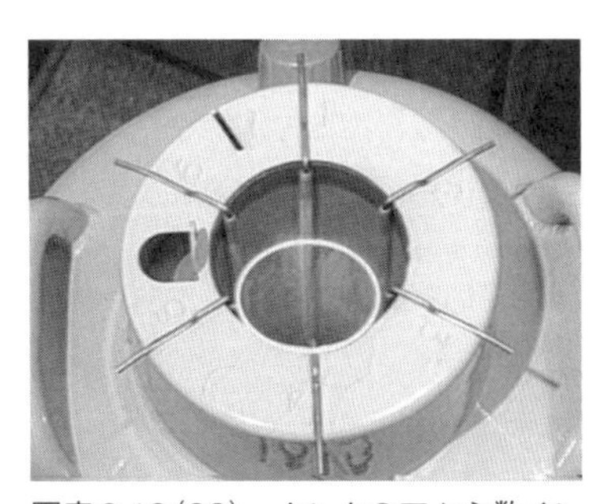

写真2-10（SS）　タンクの口から数インチ（8～10cm）以下を「液体窒素温度帯」と言い、これ以上持ち上げると温度帯が華氏－100度（摂氏－74度）以上になり、精液にダメージを与え続けることになる

図2-2（SS）　精液タンクから出された後の温度

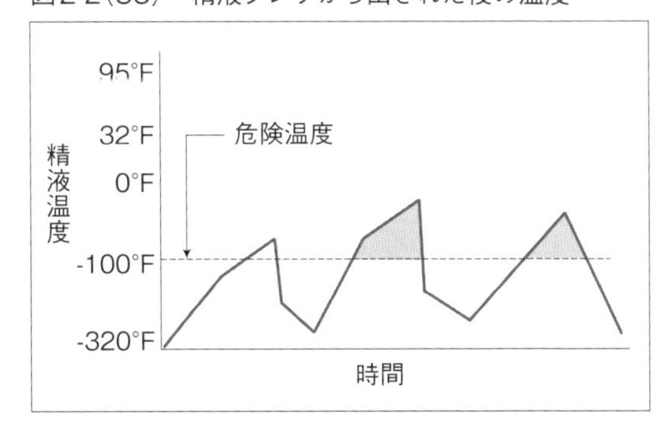

写真2-11　タンクを開ける前に、取り出すべきキャニスターがしっかり確認できるよう、タンクのそばにメモなどを置いておく

※注1：Dejarnetee（1999）は、－70℃に上昇した後、再び液体窒素温度に再冷却された精液の生存性は、完全に破壊されていたと報告した。

## 3 精液の解凍

解凍は、提示された温度と時間を、しっかり守ることが重要です※注2。

解凍温度が下がらないよう、一度に解凍するストローの数を制限すべきです※注3。これらは容器のボリューム（容量）によっても異なります。

温度計は、デジタル表示のものが望まれます。そして月に一度は、その温度計が正しい表示をしているかどうかを確認する必要があるでしょう。また、風などの当たる場所での解凍は避けなければなりません。

※注2：一般には、35℃±0.2、45秒以上が推奨されるが、ストローによって、グリセロール、パッケージサイズ、フリージング率などに差があるため、製造ラボによって理想的解凍温度と時間が示されている。

※注3：Dejarnetee（2002）は、もし精液のハンドリングが推奨されるものに従っていれば、この溶解本数による心配はわずかであると報告した。

## 4 ストローの切除と装着

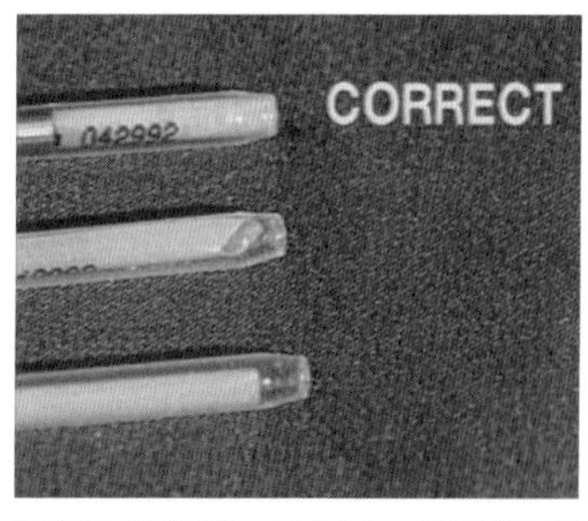


写真2-12（SS）　ストローの切除は専用のストローカッターを利用する。ストロー切断面の変形や、シース管の固定不備は、精液の注入量に大きな影響を与えることになる

ストローの切除は、専用のストローカッターによって正しく切断されなければなりません。ストロー切断面の変形（つぶれ、斜切）は、精液注入量に大きな影響を与えることになるでしょう。また、シース管のロッドへの装着固定も確実に行なわれなければなりません（写真2-12）。

ストローカッターも授精ロッド自体も、冷たくないように配慮すべきです。

さらに、ストローカッターの衛生にも十分に気を配る必要があるでしょう。「1日の終わりには、中性洗剤で洗浄後、消毒乾燥させるべきである」とD. J. Ambroseは述べています。

## 5 コールドショックの予防

精液にとって、－200℃近い絶対死の世界から、わずか40秒ほどでの覚醒は、あまりにも劇的で過酷なものです。そうした精液は、非常に感受性が高い状態になっています。少しの温度の低下などによって影響を受けやすくなっていて、これを「コールドショック」と呼びます。

それを予防するために装填された精液（授精ロッド）は、すばやく保温され、すばやく注入される必要があります。この間の温度の低下は、受胎率と密接に関係しています。

**表2-1**は、0.5mℓストローの1分間の温度低下と外気温の関係を示しています。このコールドショックは夏にも起こることが理解できると思います。

酪農場が大型化されるに従って、一度に何頭もの牛たちに授精しなければならない状況や、育成牛などの牛舎が遠く、車が近くに置けない状況などをよく

表2-1　精液温度と外気温

| 外気温 | 精液温度 | | |
|---|---|---|---|
| | 始 | 終 | 差 |
| 21 | 35 | 30 | 5 |
| 4 | 35 | 20 | 15 |
| -16 | 35 | 13 | 22 |

写真2-13・2-14・2-15　コールドショックのリスクを最小限にするために開発されたロッドウォーマー（英名：AIガンウォーマー）。「わずかなリスクも防ごうとするプロフェッショナルな道具」である

見かけます。**写真2-13～2-15**は、そうした際のコールドショックのリスクを最小限にするために開発された「ロッドウォーマー」（英名：AIガンウォーマー）です。温度を35℃±1.5と安定的に保温します。「わずかなリスクも防ごうとするプロフェッショナルな道具である」と言えるでしょう。当社の知り合いの授精師のほとんどが、この利用を開始しています。私は、この道具の利用を強く推奨しています。

## 6 授精時の衛生

授精時に、どれだけ衛生的にロッドを子宮内（子宮体）に挿入できるかが大きなポイントです。陰部の拭き取り・消毒は必須です。膣および膣内に汚染がある場合は、それらを洗浄・消毒し、ロッドカバーの利用が推奨されます。

## 7 子宮体への注入

授精行為そのものは速やかに行なわれなければなりませんが、子宮体への精液の注入は焦らずに、ゆっくり確実に行なわれなければなりません。子宮体にロッドの先が確実にあることを人指し指で確認できたら、その指を離し、5秒ほどかけてゆっくりと確実にすべてを流し込みます[※注4]。

※注4：注入部位に関するさまざまな報告があるが、一般的には、正しい注入部位として子宮体への注入が勧められている。

## 8 授精師は受胎への「最後の砦」

酪農場の繁殖管理だけでなく、農場全体の管理においても、授精師がいかに重要な仕事であるかが、よく理解できます。それだけに、優秀な授精師ほど酪農家に利益を与えてくれる人はいないかもしれません。そのことを、授精師本人がもっと強く認識すべきだと思います。

授精師は酪農家と乳牛にとって「最後の砦」であって、「最後の障壁」となってはいけません。そのために、授精のプロとして、最高の理論、技術、道具を駆使し、そして意識してほしいと思います。

## 9 授精時にエコーを利用して発情発見精度を上げた事例

〔㈱トータルハードマネージメントサービス・奥 啓輔〕

繁殖に大きな問題を抱える農場において、発情牛としてリストアップされた牛を授精前に超音波画像診断装置（エコー）で卵巣所見を確認し、授精牛を選別することで、繁殖成績に大きな改善が見られた事例を紹介します。

高泌乳による発情行動の鈍化は、発情発見を難しくしているだけではなく、その精度にも影響を与えている場合が多いといえます。加えて、従業員を雇用する大規模農場や世代交代の進む農場で、繁殖管理に従事する発情発見者の経験不足は、その問題を増幅させています。何が発情で、何が発情でないかを見極める観察眼を農場として維持することは重要ですが、極めて難しい課題となっています。

B町のB牧場は、必死に発情を見つけること（発情としてリストアップすること）で、一見その発情発見率はかなり良好な数字を示していましたが、受胎率が著しく低く、結果として妊娠率も低く、安定した受胎頭数を確保することが困難になっていました（図2-3）。

図2-3　B農場の繁殖成績

| Date | Br Elig | Bred | Pct | Pg Elig | Preg | Pct | Aborts |
|---|---|---|---|---|---|---|---|
| 6/01/13 | 194 | 106 | 55 | 194 | 29 | 15 | 1 |
| 6/22/13 | 194 | 118 | 61 | 188 | 28 | 15 | 2 |
| 7/13/13 | 201 | 119 | 59 | 201 | 25 | 12 | 0 |
| 8/03/13 | 202 | 107 | 53 | 201 | 18 | 9 | 2 |
| 8/24/13 | 211 | 115 | 55 | 210 | 23 | 11 | 1 |
| 9/14/13 | 209 | 124 | 59 | 204 | 23 | 11 | 2 |
| 10/05/13 | 216 | 145 | 67 | 214 | 30 | 14 | 2 |
| 10/26/13 | 217 | 151 | 70 | 214 | 29 | 14 | 9 |
| 11/16/13 | 205 | 136 | 66 | 204 | 36 | 18 | 10 |
| 12/07/13 | 191 | 143 | 75 | 190 | 25 | 13 | 2 |
| 12/28/13 | 187 | 137 | 73 | 180 | 31 | 17 | 4 |
| 1/18/14 | 176 | 145 | 82 | 172 | 40 | 23 | 2 |
| 2/08/14 | 163 | 123 | 75 | 152 | 21 | 14 | 2 |
| 3/01/14 | 162 | 126 | 78 | 154 | 20 | 13 | 6 |
| 3/22/14 | 164 | 123 | 75 | 160 | 25 | 16 | 2 |
| 4/12/14 | 155 | 110 | 71 | 151 | 16 | 11 | 3 |
| 5/03/14 | 175 | 119 | 68 | 166 | 21 | 13 | 3 |
| 5/24/14 | 175 | 122 | 70 | 172 | 19 | 11 | 2 |
| Total | 3397 | 2269 | 67 | 3327 | 459 | 14 | 55 |

左より、Date：日付、Br Elig：授精対象頭数、Bred：授精頭数、Pct：発情発見率、Pgelig：妊娠対象頭数、Preg：妊娠頭数、Pct：妊娠率、Aborts：流産

図2-4　B農場の繁殖成績（2014年6月までの1年間）

経産牛
- 搾乳頭数：603頭
- **受　胎　率：21%**
- **初回受胎率：23%**
- 空胎日数：145日
- 分娩間隔：417日
- 発情発見率：67%
- **妊　娠　率：14%**
- 過去1年の受胎頭数：436頭（平均36.6頭／月）

図2-5　B農場において妊娠鑑定により一つ以上前の授精で受胎していた頭数（2012年1月～2014年6月）

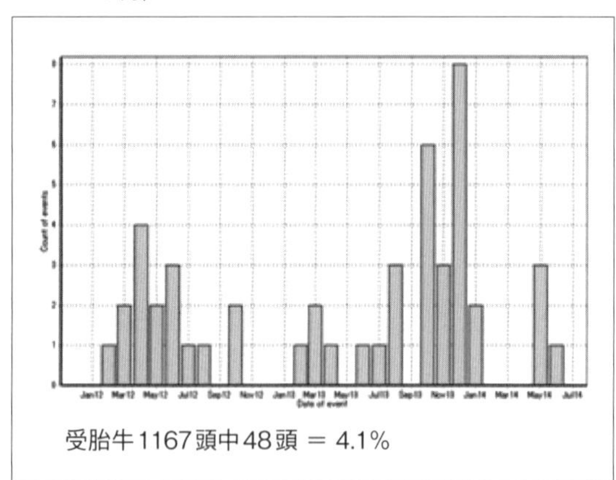

受胎牛1167頭中48頭 ＝ 4.1%

図2-6　卵巣所見の精度：超音波検査と直腸検査

| | 感度（%） | 特異性（%） | 陽性予測値（%） |
|---|---|---|---|
| 直腸検査 | 85 | 95.7 | 89.5 |
| 超音波検査 | 95 | 100 | 100 |

（Giovanni Gnemmi 2009）

- 黄体期の授精：19%
- 子宮内授精で約50%が流産

（Sturman ら、2000）

B牧場の2014年6月時点での過去1年間の繁殖成績を見ると、初回受胎率、平均受胎率ともに20%前半と著しく低く（図2-4）、また毎月の平均受胎頭数も36頭ほどでした。搾乳頭数600頭規模の牧場の場合、分娩間隔13～14カ月を想定しても毎月平均45頭前後の受胎数がほしいところ、10頭近く足りていない状態が続いていました。

また、2012年までさかのぼると、繁殖検診時における妊娠鑑定で一つ以上前の授精で受胎していた頭数は受胎牛1167頭中48頭と、全受胎牛の4.1%も存在しており（図2-5）、発情発見精度の低さがうかがわれ、この精度の低さも受胎率低下につながっているのではないかと推測されました。

経験の浅い担当者は、発情と思われる牛を次々とリストアップし、それを授精師に、直腸検査によって発情かどうかを判断してもらうことで、その精度をカバーしようと考えていました。しかしながら、現場における直腸検査による卵巣所見の精度は、超音波検査に比べ、授精師・獣医師にかかわらず十分ではないことがわかっていることから（図2-6）、発情発見（授精）精度を改善するため、次のような取り組みを試みました。

当該牧場担当の獣医師が、発情牛としてリストアップされた牛を、授精する前に超音波で卵巣所見を確認し、黄体のない牛にだけ授精するという極めて単純な方法を実践しました。翌日に排卵確認も行ない、排卵していない牛には連注による再授精を行ないました（図2-7・2-8）。

その結果、2014年7月から2014年10月までの試験期間における受胎率に、大きな改善が見られました（21％ vs. 29％）。同時に、リストアップした発情牛に黄体がなく授精可能な牛を見つける割合が、月ごとに改善されていきました（図2-9・2-10）。

図2-7　B農場における発情発見精度改善のための取り組み

- 授精前に超音波画像診断装置を用いて卵巣所見を調査
- 明らかな成熟黄体のある個体は授精をパス
- 授精した牛は翌日排卵確認を行ない排卵していない個体は2回目まで再授精

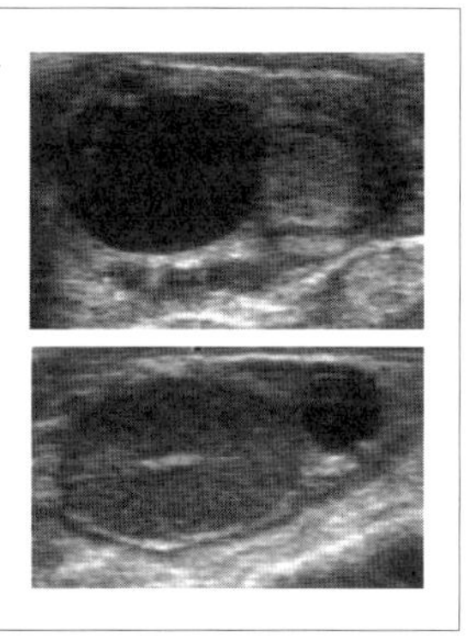

図2-8　方法

これに従って、受胎率には依然として問題を含んでいるものの、目標である月間受胎頭数46頭をクリアすることが可能になりました（図2-11）。

【結論】

✔繁殖管理、発情発見に問題を抱える農場において、授精時に超音波画像診断装置を用いることは、繁殖成績の改善につながり得る。

✔超音波画像診断装置で正確に卵巣所見を診断することで、農場側の発情発見精度も改善される可能性がある。

図2-9　月間受胎率の推移

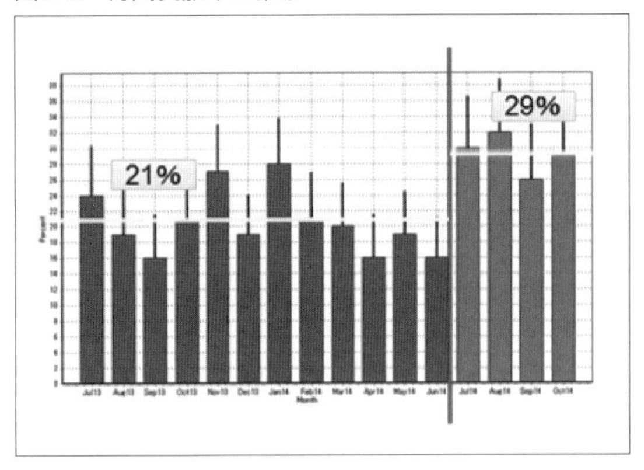


図2-10　発情発見後牛の授精可能割合

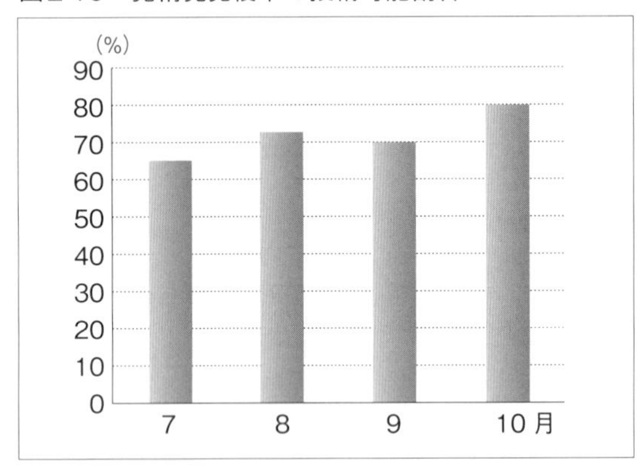


図2-11　目標(月間受胎頭数46頭)をクリア

| | 受胎率<br>(%) | 初回<br>受胎率<br>(%) | 妊娠率<br>(%) | 平均受胎<br>頭数／月<br>(頭) |
|---|---|---|---|---|
| 2013年7月～<br>2014年6月 | 21 | 23 | 14 | 40.8 |
| 2014年7月～<br>2014年10月 | 29 | 28 | 18 | 53 |

- ✔授精師が超音波診断装置を利用することによって、農場の受胎率を高める可能性がある。
- ✔とくに熟練した繁殖担当者がいない場合には、発情発見精度に注意する必要がある。

# 第3章

# 繁殖管理と獣医師の役割

酪農場における繁殖管理において、獣医師の果たすべき役割は大きいのか？少なくとも獣医師としてはそうありたいと考えているし、そう信じています。しかしながら、何度も述べているように、繁殖問題は多要因病なので、診療行為だけで十分な効果は期待できないことも獣医師は認識しているし、ときに、それに頼りすぎて思い知らされることになることもあります。

そうしたなかで、繁殖コントロールプログラムの一環として、「繁殖検診」という行為が普及されてきました。しかしながら、酪農家は、その検診のなかで獣医師に対して今でも、「排卵する薬」あるいは「よく妊娠する薬や方法」を直接的に求める傾向がうかがえるし（授精師には､よくとまる種を要求する、D. Sanders)、ときに、獣医師もそうしたことができるような錯覚に陥り、それに応えようと必死になり、巨大な迷路に入り込んでしまうこともあるようです。

本章では、繁殖管理における獣医師の役割と、繁殖検診を取り巻く問題に関して、自らの経験を含めて述べたいと思います。

##  1 繁殖管理のための繁殖検診

「繁殖検診」によって繁殖を良くしようとすることは、ある意味、難しいことだと思います。前述したように繁殖は多要因病なので、むしろ、それらの結

果としての繁殖パフォーマンスであり、繁殖検診は繁殖管理のなかの一つの道具にすぎないことを、酪農家も獣医師もしっかりと認識する必要があるでしょう。繁殖管理のための繁殖検診であって、繁殖検診のためのそれであってはなりません。

そのことをまず踏まえたうえで、この繁殖検診を最大に活かす考え方・運用について、獣医師の立場から一緒に考えてみたいと思います。

## 2 繁殖パフォーマンスを決定する要因

### 1）妊娠率という考え方

繁殖検診を行なううえで、獣医師が最も注意しなければならないのは、「何が繁殖パフォーマンスに最も大きな影響を与えるか？」ということを理解していなければならないということです。

獣医師として、早期の子宮疾患や卵巣疾患というものの発見と治療はもちろん重要ですが、それらは繁殖パフォーマンスを改善するうえでは枝葉な部分と考えられます。

**図3-1** を見てください。これはサバイバルグラフ（Survival Curve：生存曲線）といって、よく癌患者などの生存率を経過年数に沿って表すときなどに用いら

図3-1　空胎牛のサバイバルグラフ

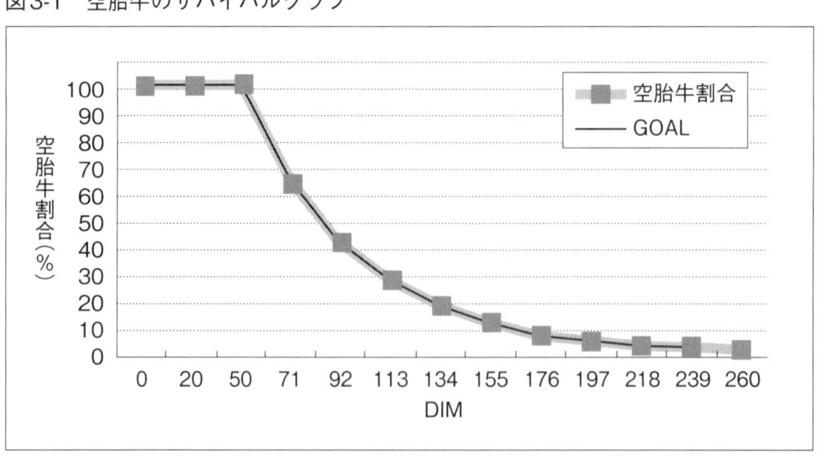

れるものです。これを、ある農場の繁殖空胎牛数に置き換えて、このグラフで表してみましょう。

まず、分娩後、ある一定の期間は授精を行なわず（Voluntary Waiting Period：VWP＝自発的（授精）待機期間）、その後、発情発見牛に対して授精を開始します。その農場の平均授精開始日が50日（ゴールとしての平均授精開始日）とすると、そこまでは1頭の受胎牛もいないので、100％の牛が生き残っているということになります。それ以降は、1周期ごとに妊娠する牛が出現するので、その分、生き残る空胎牛が減少（下降）していくというグラフです。このグラフの下降するスピードのことを「妊娠率（空胎牛のサバイバルグラフ）」と表現します。

**図3-2**は、わかりやすいように、この妊娠率が15％の農場と35％の農場を比較したものですが、その違いは一目瞭然です。すなわち、搾乳日数が150日くらいで残りの空胎牛の割合を比較してみると、妊娠率35％の農場では空胎牛が10％程度しか残っていないのに対して、妊娠率15％の農場ではまだ40％以上存在することになります。そしてこの妊娠率に最も大きな影響を与えるのが、何度もお話した「発情発見率（Heat Detection Rate）」ということになります（注：最近は、この「発情発見率」という表現を、「授精リスク（Insemination Risk）」と呼ぶことが多くなりました。リスクというと、日本人には危険性を含む表現となり、リスクが高まると悪化するイメージがありますが、ここでは

図3-2　妊娠率が15％の農場と35％の農場を比較したサバイバルグラフ

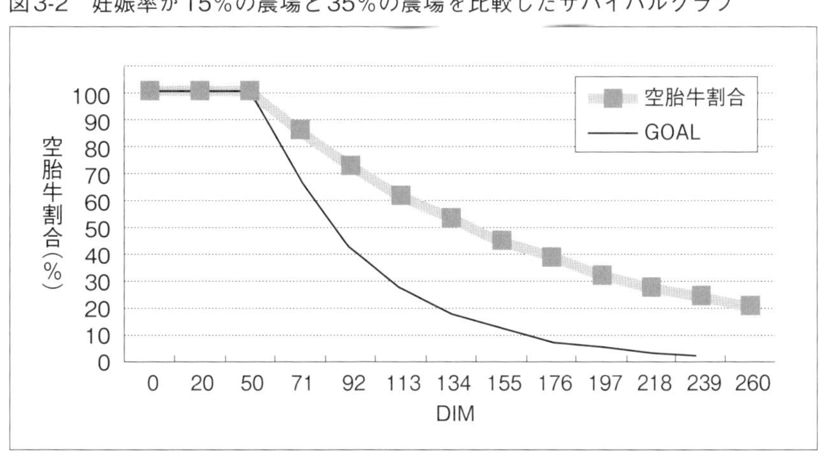

単に「授精率」と理解します。すなわち授精リスクの高いことが、いわゆる発情発見率が高いという意味になります。妊娠率＝授精リスク（発情発見率）×受胎率と表現されます)。すなわち、まず発情を発見して授精行為が行なわれなければ、妊娠する可能性はゼロだからです。このことは、第1章の、酪農家の役割のところで述べました。

この図で注意しなければならないことは、実際の農場では、一般的には1回目から2回目の周期での妊娠率がより高いので、この時期に一気に下降していくということです。逆に、この時期に効率的に授精できなければ、繁殖問題が顕著になります。後述しますが、繁殖パフォーマンスの良い農場ほど、この部分の下降が早いことになります。生き残る空胎牛がこの時期に一気に減っていくということが、より効率の良い繁殖管理になるということがよく理解できると思います。

## 2）平均授精開始日

次に、同じ図のなかに、もう一つ大きな要因が含まれていることにお気づきだと思います。「授精開始日」です。**図3-3**は、妊娠率は35%と同じなのですが、この平均初回授精開始日が50日と80日の農場の違いを示しています。もし同じ妊娠率あるいは少し妊娠率は劣っても、平均授精開始日が早いほうが、搾乳日数の経過に伴った生き残る空胎牛の数が少なくなることが理解できるでしょ

図3-3　妊娠率は35%と同じで、平均初回授精開始日が50日と80日の農場を比較したサバイバルグラフ

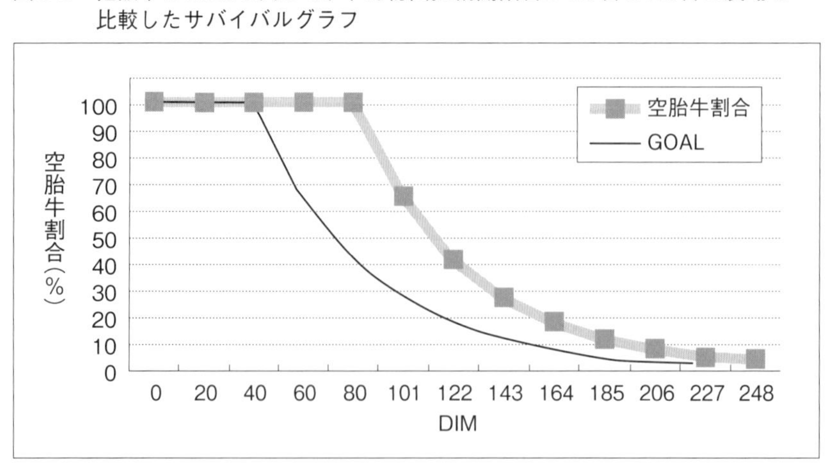

う。繁殖パフォーマンスの良くない農場には、この初回授精開始日が遅い農場がよく見られます。意識的に平均授精開始日を遅らせる場合は、その後、管理を相当がんばらないと追いつくことはなかなかできません。

このように、農場における繁殖管理に大きく影響するのが、「初回授精開始日」と、その後の「発情発見による積極的な授精行為」であることが理解できると思います。当然、授精後の受胎率も影響を与えることになりますが、獣医師による繁殖検診として強く念頭において農場主にも周知すべきことは、「いかに速やかに第1回目の種付けが行なわれるか」ということです。このことについて、次に詳しく述べましょう。

### 3）自発的（授精）待機期間（Voluntary Waiting Period：VWP）の決定と繁殖パフォーマンス

VWPは、その農場での考え方などから、一般には40～70日くらいに設定されます。このVWPの設定と考え方が、極めて重要な要因になります。

図3-4は、ある農場の初回授精開始日を全牛プロットしたものです（■一つ一つが1頭ずつの牛）。横軸が現在の搾乳日数で、縦軸がその牛の初回授精開

図3-4　繁殖に問題がある農場の初回授精開始日

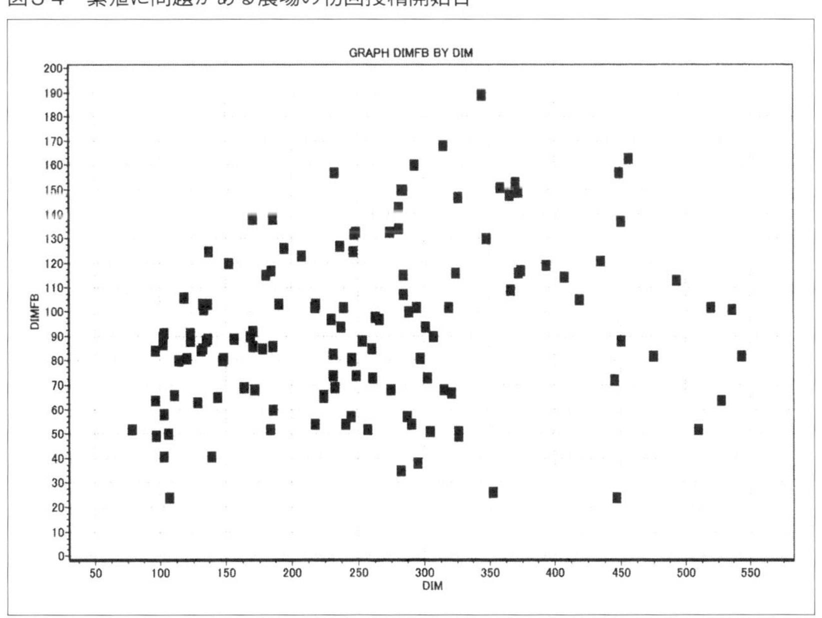

始日を示しています。このなかには受胎した牛も、そうでない牛も含まれていますが、多くの牛が100日を越えて初回授精を迎えていることがわかります。それは全体の30%を超える数になっています。一方で、VWP終了（種付け開始日）から次の25日以内に種付けをされた牛は、全体の17%でしかありません。また、搾乳日数が40日以前に何頭もの牛に種付けをしていることもうかがえます。これは繁殖に不安のある農場でよく見られる現象で、次の発情がいつ見つけられるか、しっかりとした自信がないときに、こうした傾向が強まります。しかしながら、この時期の受胎率はかなり低いのが一般的です。同時に、乳量にも影響を与える結果となるでしょう。これが繁殖に問題がある農場の典型的な例といえます。

一方、**図3-5**はどうでしょうか。大きな農場ですが、90%以上の牛が100日以内に第1回目の種付けを終了していることがわかります。VWPから25日以内での種付け牛は36%に上ります。この半分近くはそれで妊娠し、もし妊娠できなかった牛も、100日以内にもう一度、種付けのチャンスが巡ってくることになります。この農場で40日以内に種付けをされた牛は皆無であることがわかります。繁殖管理がしっかりされている農場の例といえます。

図3-5　繁殖管理がしっかりされている農場の初回授精開始日

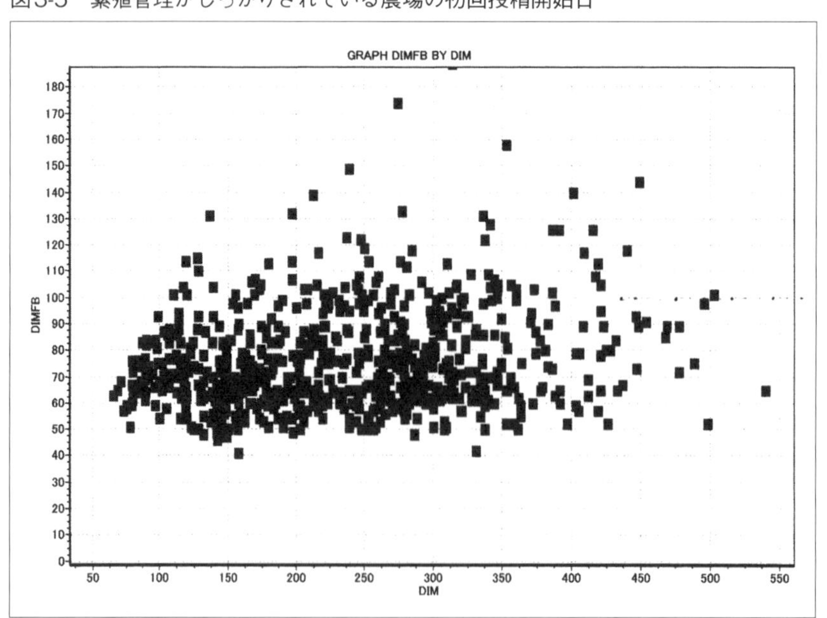

ここですでに気づかれたかと思いますが、VWPとは、「その終了後、最初の周期である24～25日以内に、対象となるすべての牛の発情を発見し、種付けをします」という意思表示なのです（21日でも構いませんが、100％を目指すうえで長めの周期を採用します）。図3-5の農場でも、このゴールからはまだ先があるということになりますが…。

Fergusonは、「繁殖パフォーマンスを決定づける最も重要な要因は、初回授精のための発情発見率である」と断言しているし、R. Nebelも、「VWP終了後24日以内に種付けされる牛の割合が繁殖効率に最も影響のある要因であり、その理想の割合は100％であって、そのために、すべての関係者が最大限の努力を払うべきだ」と述べています。このことは、VWPを70～80日と意識的に延ばしている農場であればあるほど、その重要性と必要性が高まることはいうまでもありませんし、なぜ、そこまでVWPを延ばす必要があるのかをよく検討する必要が出てきます。

また、VWPが40日であるにもかかわらず、結果として平均種付け開始日が70～80日になっている農場であれば、そのことを改善することが最も優先される事項になるかもしれません。繁殖管理を任された獣医師は、これらの意味を十分に理解すると同時に、農場主にも理解してもらい、このVWPを決定し、その後の授精プログラムを積極的に誘導する必要があるのです。

## 3 定時人工授精プログラムと繁殖検診

図3-6の農場は、1年ほど前からオブシンクを取り入れた農場です。過去に見られた初回授精の遅れが、どんどん良くなっているのがわかると思います。ここ1年（365日以内）の100日以内の初回授精が98％に達しています。

この農場で行なわれている方法は、VWP終了から25～30日（搾乳日数40～70日）以内に発情の見つけられなかったものは直検をして、異常がなければオブシンクに入ります。したがって理論上は、最大80日までに、すべての牛に初回授精が行なわれることになります。

図3-6　1年ほど前からオブシングを取り入れた農場の初回授精開始日

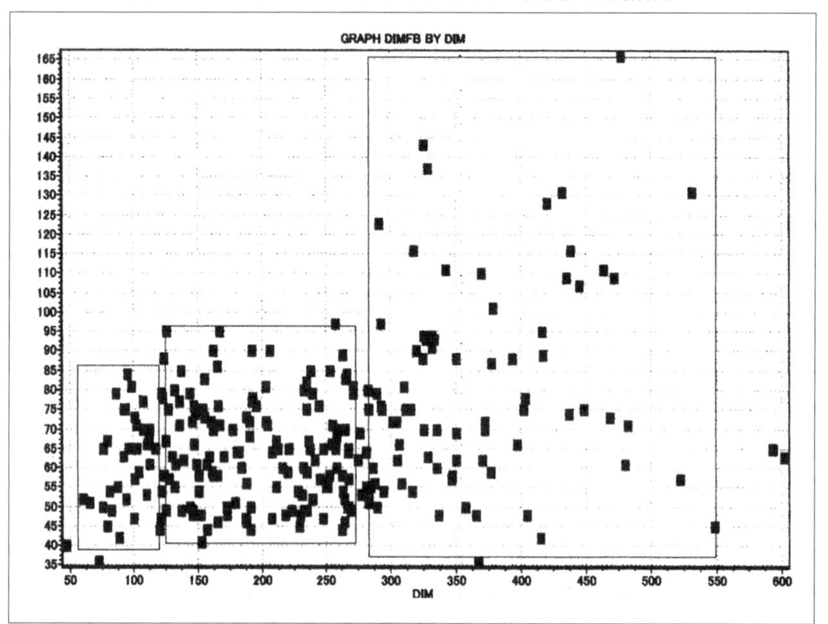


この方法をウィスコンシン州立大学のPaul M. Frickeは、「オブシンクによるクリーンアップ・システム、あるいはバックドア・システム」と呼んでいます。この方法では、とにかくVWPが終了と同時に、できるだけの自然発情を発見して授精することに集中します。そして、それから洩れたものをプログラムによって種付けをすることで、費用面などで大変に有利性を持っています。

繰り返しになりますが、VWPの意味は、「それが終了後25日以内に、すべての牛の種付けを終了します」という意思表示です。繁殖管理における最も厳しい意味を持っているのが、このVWPなのです。その時点でターゲットが絞られていなければなりません。定時授精プログラムに関しては後述します。

# 第4章 繁殖パフォーマンスのモニターとそのゴール

「計測なくして管理なし」という言葉をよく耳にしますが、繁殖管理は、まさにそうしたことが必要な分野のようです。その農場の繁殖状況を正しくとらえることによって、“次の一手”が生まれます。繁殖管理を任される獣医師の最も重要な仕事の一つが、この“モニター（計測）”だといえます。

本章では、このモニターについて一緒に考えてみましょう。

## 1 実数としての発情発見頭数（授精頭数）と妊娠頭数のモニター、そしてゴールの設定

筆者は、繁殖管理のなかで最も重要なことは、「その日、その週、その月に、何頭の牛に授精できたか」だと考えています。この延長線上に妊娠頭数がある、ということを確認していくことが重要です。

成牛に対して月に10頭しか種付けができなければ、それは最大で10頭の妊娠牛しか得られないということです。これは50頭の経産牛を持つ農場で（育成牛を除いて考えています）、3%ほどの廃用を見込み、受胎率が40%程度で、12.5カ月の分娩間隔を目標にしている場合では、おおよそその目標を達成していますが、60～70頭規模になると明らかに少なすぎる授精頭数ということになります。

次のような単純な計算で月々の大雑把な経産牛における妊娠目標を出すこと

も、良い動機づけになるのではないでしょうか。

（12カ月／目標分娩間隔月数×経産牛頭数）／12カ月

これを、その農場の実際的な受胎率で割り返せば、経産牛の目標授精頭数が出てきます。実際には農場によって分娩のムラや、初産牛分娩、そして廃用率が関わってきますので、それらを加味した計算がより望まれますが、いずれの方法でも月々何頭くらいの分娩牛がほしく、そのためには何頭の授精牛が必要なのかという、“大きなつかみの目標”が獣医師・酪農家の双方に必要です。

なお、この数式は、以下の式に単純化できます。

経産牛頭数／目標分娩間隔月数

これに、もしその農場の妊娠ロスが3％あり、廃用率が2％あるとすれば、トータルで5％の余分な妊娠牛が必要になります。例えば、120頭搾乳牛（乾乳牛含む）で、目標（あるいは現在の）分娩間隔が12.5カ月であるとすると、120／12.5≒9～10頭となります。これに5％のロスを考えると、9～10×1.05≒9.5～10.5頭／月の妊娠牛が必要であると概算します。

＊

これらを結果とともにグラフ化すると、より意識付けが強まります（図4-1）。また、これは育成牛にも行なうと、より効果的です。現在において22～24カ月分娩が達成されていても、それは過去の結果であって、将来を保証

図4-1　繁殖目標達成グラフ

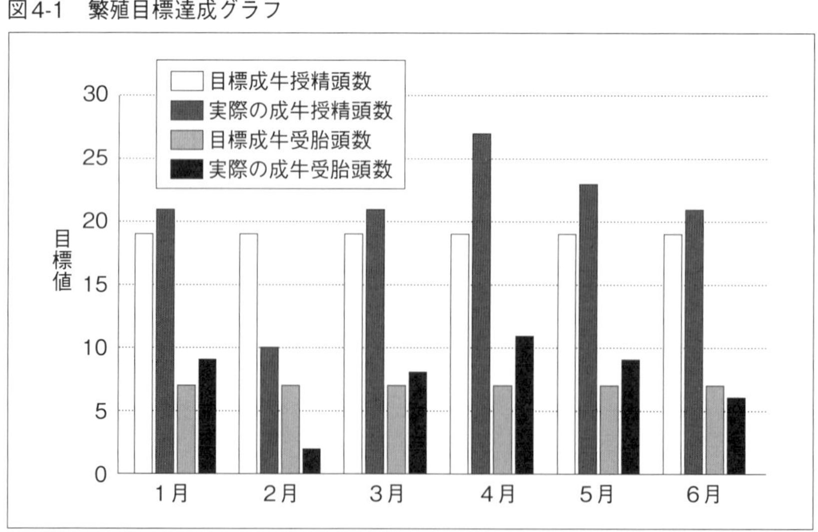

するものではないのです。繁殖管理には、「今が達成されて、初めて将来が達成できる」という考え方が重要だと思います。

また、こうした実数は結果として発情発見率と妊娠率につながることになりますが、妊娠牛の獲得という明確な実数を意識することが、最も重要なモニター項目になると筆者は信じています。繁殖は“率”でも“日数”でもなく、「何頭妊娠牛を確保できたのか」という“実数”そのものだということです。なぜなら、生まれてくる子牛は30%でも50%でもない、常に1頭単位だからです。

## 2 VWPと初回授精開始日

前章でも記述しましたが、VWP（Voluntary Waiting Period、自発的待機期間）の持つ意味は、単にそこから授精を開始するという意味だけでなく、「その後、最大21～25日以内には、必ず授精をします」という強い意思表示だということを理解してもらう必要があります。このことさえ実現できれば、多くの農場から深刻な繁殖問題は消失するはずです。繁殖管理を行なう獣医師にとって、これはより優先すべきモニターの一つだと考えていますし、グラフに表示することが推奨されます（前章の図3-4・5・6および第5章3）参照）。

ゴールはもちろん、VWP終了後、25日以内に第1回目の授精が100%の牛に行なわれることです（北海道乳牛検定成績表のなかの「過去1年間の初回授精と分娩後日数」が参考になります）。

## 3 発情発見率（授精リスク）と妊娠率

発情発見率（授精リスク）と妊娠率のモニターは、その実数のモニターと同じ意味を持ちますが、“率”という表現は、また違った魅力を発揮します。

表4-1・2は、同じ農場の発情発見率と妊娠率のモニター表ですが（数字が若干異なるのは、その区割りのズレによります）、二通りの方法で見ることが

表4-1　発情発見率と妊娠率のモニター《例1》

| Date | Br Elig | Bred | Pct | Pg Elig | Preg | Pct | Aborts |
|---|---|---|---|---|---|---|---|
| 12/31/04 | 60 | 33 | 55 | 60 | 15 | 25 | 2 |
| 1/21/05 | 59 | 28 | 47 | 58 | 9 | 16 | 1 |
| 2/11/05 | 64 | 38 | 59 | 63 | 12 | 19 | 0 |
| 3/04/05 | 75 | 51 | 68 | 75 | 15 | 20 | 2 |
| 3/25/05 | 83 | 54 | 65 | 82 | 19 | 23 | 0 |
| 4/15/05 | 75 | 43 | 57 | 74 | 14 | 19 | 1 |
| 5/06/05 | 70 | 39 | 56 | 70 | 17 | 24 | 0 |
| 5/27/05 | 67 | 50 | 75 | 67 | 19 | 28 | 2 |
| 6/17/05 | 69 | 35 | 51 | 68 | 17 | 25 | 0 |
| 7/08/05 | 65 | 43 | 66 | 65 | 11 | 17 | 1 |
| 7/29/05 | 70 | 46 | 66 | 69 | 14 | 20 | 1 |
| 8/19/05 | 72 | 47 | 65 | 71 | 17 | 24 | 0 |
| 9/09/05 | 68 | 36 | 53 | 67 | 10 | 15 | 1 |
| 9/30/05 | 69 | 42 | 61 | 68 | 16 | 24 | 0 |
| 10/21/05 | 66 | 55 | 83 | 65 | 26 | 40 | 0 |
| 11/11/05 | 55 | 36 | 65 | 54 | 11 | 20 | 0 |
| 12/02/05 | 61 | 34 | 56 | 0 | 0 | 0 | 0 |
| 12/23/05 | 54 | 38 | 70 | 0 | 0 | 0 | 0 |
| Total | 1087 | 676 | 62 | 1076 | 242 | 22 | 11 |

表4-2　発情発見率と妊娠率のモニター《例2》

| DIM | Br Elig | Bred | Pct | Pg Elig | Preg | Pct | Aborts |
|---|---|---|---|---|---|---|---|
| 50 | 250 | 141 | 56 | 248 | 49 | 20 | 1 |
| 71 | 198 | 137 | 69 | 197 | 45 | 23 | 1 |
| 92 | 151 | 87 | 58 | 150 | 34 | 23 | 1 |
| 113 | 116 | 65 | 56 | 114 | 22 | 19 | 1 |
| 134 | 93 | 63 | 68 | 93 | 25 | 27 | 0 |
| 155 | 69 | 45 | 65 | 67 | 22 | 33 | 1 |
| 176 | 47 | 37 | 79 | 47 | 12 | 26 | 0 |
| 197 | 34 | 19 | 56 | 34 | 4 | 12 | 0 |
| 218 | 31 | 23 | 74 | 31 | 9 | 29 | 1 |
| 239 | 22 | 16 | 73 | 22 | 6 | 27 | 1 |
| 260 | 16 | 8 | 50 | 16 | 3 | 19 | 0 |
| 281 | 12 | 8 | 67 | 11 | 2 | 18 | 0 |
| 302 | 7 | 6 | 86 | 7 | 2 | 29 | 0 |
| 323 | 6 | 1 | 17 | 6 | 0 | 0 | 0 |
| 344 | 5 | 3 | 60 | 5 | 1 | 20 | 1 |
| 365 | 4 | 3 | 75 | 4 | 2 | 50 | 0 |
| 386 | 2 | 2 | 100 | 0 | 0 | 0 | 0 |
| 428 | 1 | 0 | 0 | 1 | 0 | 0 | 0 |
| 449 | 1 | 1 | 100 | 1 | 1 | 100 | 0 |
| Total | 1065 | 665 | 62 | 1054 | 239 | 23 | 8 |

望まれます。すなわち、単純な時系列の21日間隔で見る方法と、搾乳日数で見る方法です。これによって、農場で起きていることを、より理解しやすくします。前者は、季節の変化に伴う気温や自給飼料の品質、そしてマネージメントする人間の変化の影響などを考えるときには便利ですし、後者は、周産期からのマネージメントなどを考えるときなどにより便利です。

**表4-1・2**の項目は、左から日付（Date）もしくは搾乳日数（DIM）、授精対象頭数（Br. Elig）、授精頭数（Bred）、そのパーセンテージ（Pct）すなわち発情発見率、次に妊娠対象頭数（Pg. Elig）、妊娠頭数（Preg）、そのパーセンテージ（Pct）すなわち妊娠率を表しています。さらにその横に、それらのうちでどこかで流産したもの（Aborts）を示しています。Totalに、この1年の実績が示されています。この欄の最後の月でPg. Elig以下がゼロになっているのは、この表を出した時点で、まだ妊娠鑑定が行なわれていないことを示しています。これらをグラフにしてみると、より理解しやすくなります。例をとって見てみましょう。

*

**図4-2**は、搾乳日数で追っている妊娠率と発情発見率、そしてサバイバルカーブを表現しています。上段が発情発見率で、別名「授精リスク（Insemination

Risk)」とも呼ばれています。この図から大きな問題は見られないようですが、これを時系列に組み替えてみるとどうでしょうか（図4-3）。2004年12月から2005年1月にかけて大きな問題が起きていることがわかります。発情の発見率の低下と同時に妊娠率も明確に落ちています。明らかな自給飼料(サイレージ)の問題でした。

図4-4はどうでしょう。搾乳日数ごとに出しています。全体に低いパフォーマンスですが、肝心な分娩後100日以内の発情発見率が非常に悪いことが明確になります。乾乳、分娩、そして分娩後の群分け、あるいはVWPの認識など

図4-2　搾乳日数ごとの妊娠率、発情発見率、サバイバルカーブ《例1》

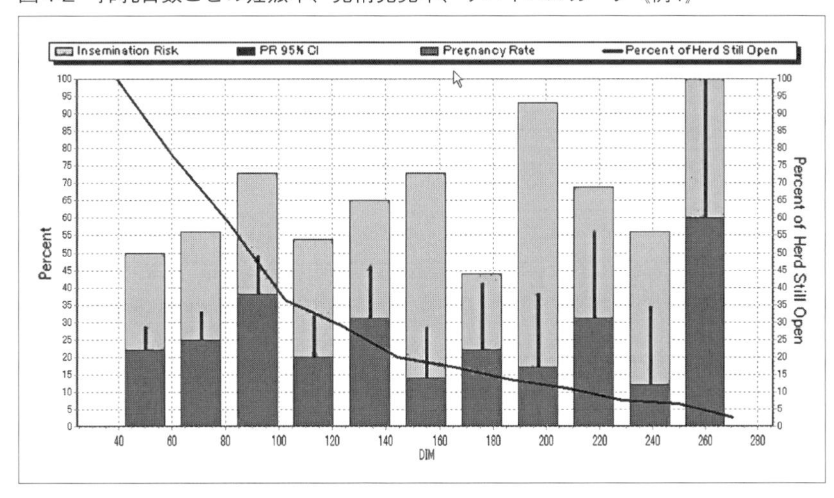

図4-3　時系列で見た妊娠率、発情発見率

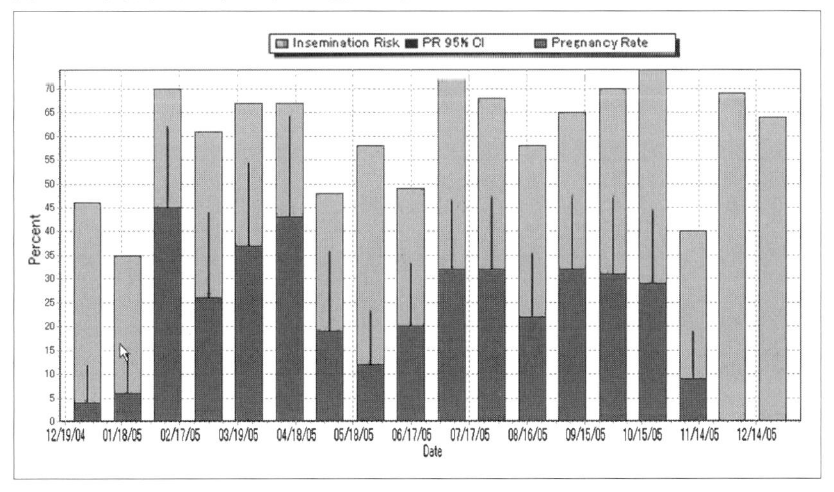

図4-4　搾乳日数ごとの妊娠率、発情発見率、サバイバルカーブ《例2》

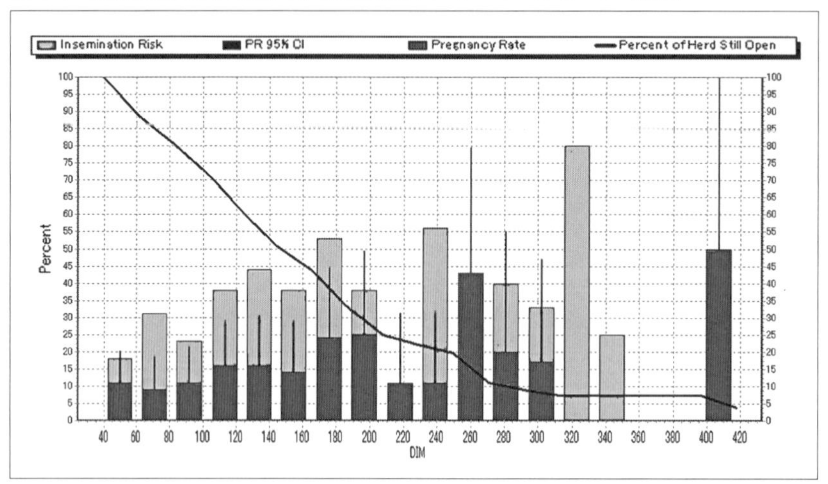

図4-5　搾乳日数ごとの妊娠率、発情発見率、サバイバルカーブ《例3》

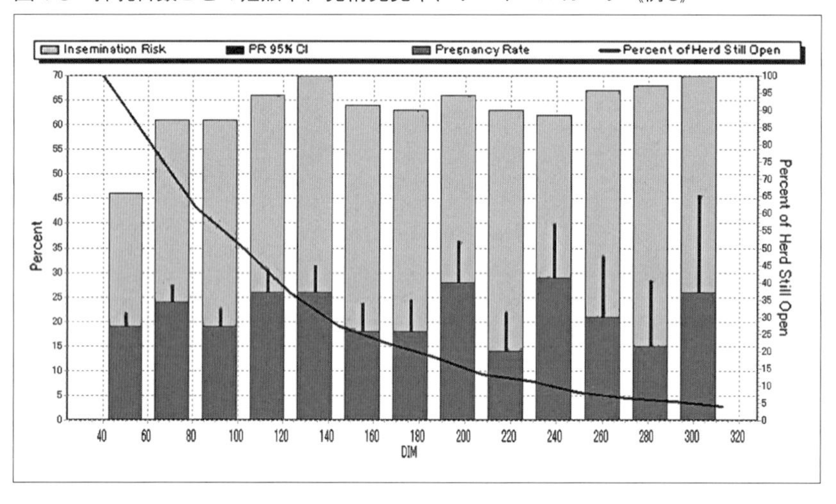


に問題があると思われる例となります。

図4-5と図4-6は同じ農場ですが、平均に高い発情発見率に支えられて相応の妊娠率を維持しています。それでも図4-5からはVWP直後の発情の発見率に問題を残していますし、図4-6からは年間を通して発情発見率は維持されているものの、妊娠率が若干下がり傾向なのが気になるところです。

こうした同じ項目での見方を変えることで、問題が捉えやすくなります。そしてこれらは、“実数”よりも“率”のほうが良い指標となります。

＊

図4-6　搾乳日数ごとの妊娠率、発情発見率、サバイバルカーブ《例4》

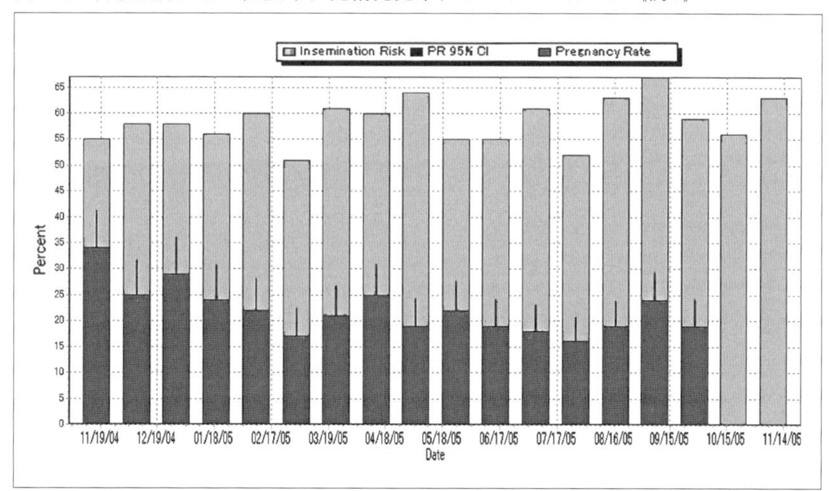


平均妊娠率の目標値を、私は25%としています。また、平均発情発見率は70～75%以上を目標にしています。発情発見率が75%を達成していれば、たとえ受胎率が30%でも、妊娠率を22.5%に維持できることになります（一般には妊娠率のゴールを35%にしていることが多いようです。これは発情発見率が70～75%で受胎率が46～50%で達成できることに基づいていますが、現実的には25%あれば十分であると考えています）。

## 4 牛群の平均搾乳日数（Ave. DIM）と受胎割合

「牛群が常にどのくらい妊娠牛を保有しているか」は重要な指標になります。このときに注意しなければならないのは、牛群の平均搾乳日数と見比べることが必要です。平均搾乳日数が少ないときに、牛群の妊娠牛割合が少ないのはある程度しかたのないことですが、平均搾乳日数が多いときに妊娠牛割合が増えていかない場合は、明らかに繁殖の問題があることになります。リアルタイムなモニター項目です。もちろん、平均搾乳日数が年間を通して多いときは、何らかの繁殖問題が存在することになるでしょう。

ゴールとして、平均妊娠牛割合は50～55%を、どんな場合もキープしたいと思っています。平均搾乳日数のゴールは165日ですが、実際的には175日でも十分な数値です。

## 5 平均空胎日数と平均分娩間隔（Av. DOPN）

すでに多くの文献や報告でも明らかなように、平均分娩間隔、平均空胎日数などは、繁殖を管理するうえで、今でも良い指標です。これらの評価も、単純な平均値よりも、産次別、ペン別などのほうが問題を理解しやすいと思います。

**表4-3**と**表4-4**は、二つの農場の産次別空胎日数です。全体として低調な繁殖状況で、群の平均空胎日数は147と149日と同じような数字が並んでいますが、これを産次別で見ると、**表4-3**の農場では初産牛群に多くの問題があると推測されますし、一方の**表4-4**の農場では3産以上の群により大きい問題を見出すことができます。

しかし、この平均分娩間隔と平均空胎日数には、大きな弱点があるのも周知のとおりです。すなわち、分娩間隔や空胎日数は、あくまで分娩した牛、受胎した牛の結果であって、繁殖が最も悪かった結果として分娩できない（あるいは妊娠できない）牛のデータはまったく入ってこないということです。したがって、これらの数字は、「繁殖障害による廃用を多くすると、その数字は良くなる」という矛盾を含んでいます。これらを十分に念頭においてモニターすることが必要だということになります。

表4-3　産次別空胎日数《例1》

| By LGRP | %CO▼ | #CO▼ | Av DOPN |
|---|---|---|---|
| 1 | 29 | 56 | 159 |
| 2 | 28 | 54 | 149 |
| 3 | 41 | 77 | 136 |
| ========= | ==== | ==== | ======= |
| Total | 100 | 187 | 147 |

表4-4　産次別空胎日数《例2》

| By LGRP | %CO▼ | #CO▼ | Av DOPN |
|---|---|---|---|
| 1 | 24 | 44 | 120 |
| 2 | 33 | 60 | 140 |
| 3 | 41 | 74 | 173 |
| ========= | ==== | ==== | ======= |
| Total | 100 | 178 | 149 |

また、分娩間隔などは、結果としては1年前の評価ということで、今を反映できていないという重大な、もう一つの欠点があることも承知しておかなければなりません。

＊

**図4-7**を見てください。A農場の2頭

の牛のうち、1頭は100日で受胎し、もう1頭は廃用となりました。この農場では半分も牛を失っているにもかかわらず、平均空胎日数は100日となります。B農場の平均空胎日数は113日ですが、2頭の受胎牛を確保したことになります。

図4-7　空胎日数のモニターで注意すべき点

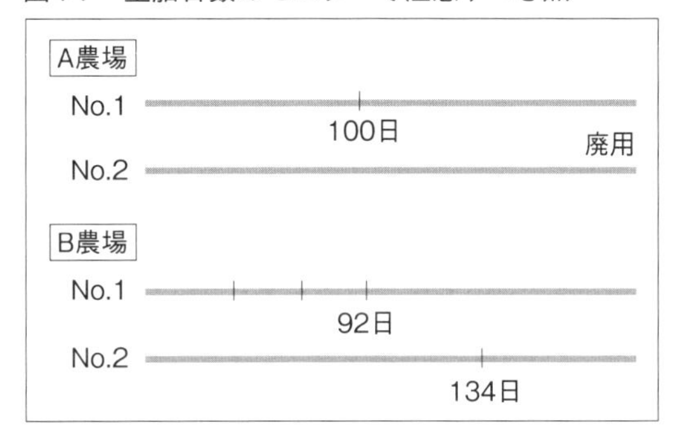


*

ゴールは、分娩間隔で一般的に12.5～13カ月としてありますが、前述した欠点がありますので、そのモニターには注意が必要です。平均搾乳日数のゴールは100～120日とすることが多いと思います。また、高泌乳牛群ではそれらが多少伸びることも念頭においてよいと考えます。

## 6 平均受胎率と平均種付け回数

平均受胎率と平均種付け回数は表裏一体の言葉です。すなわち、種付け回数3回は、受胎率33.3%（1頭妊娠させるのに3回種付けをしたのですから、1÷3＝33.33%）となります。これらも伝統的な繁殖モニターの手法で、やはり依然として重い意味のあるものです。世界的に通用する言葉として、「受胎率の低下」があります。しかし、農場の経済的な観点からすると、利用の仕方で欠点もあるということを知っておく必要があります。

*

最も簡単な例は、**図4-8**のC農場とD農場の比較です。C農場はVWP終了後、はっきりとしない発情も含めて50日目から種付けを開始し、2回種付けをしても妊娠せず、3回目

図4-8　平均種付け回数のモニターで注意すべき点

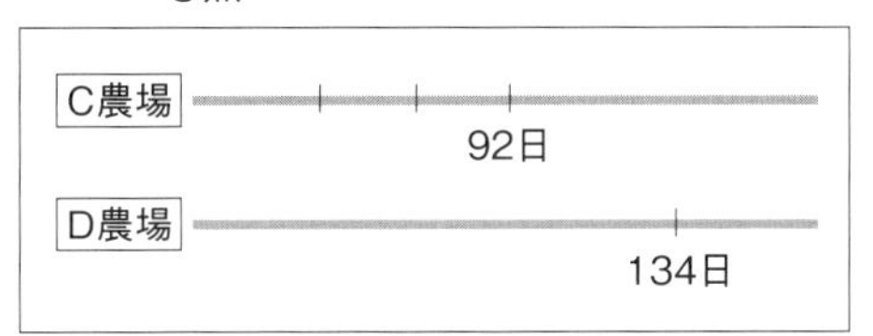

の周期である92日目でやっと妊娠させることができました。平均種付け回数は3回で、受胎率は33.3%です。一方、D農場では良い発情を待って、それまでに何回かあった発情あるいは発情らしきものを飛ばして134日目に種付けをして、1回で妊娠させました。平均種付け回数は1回で、受胎率は100%となります。はたして、どちらの農場の繁殖パフォーマンスが上なのでしょうか？

*

平均受胎率および平均種付け回数のゴールは、とくに持っていません。

## 7 さまざまな受胎率のモニターとその利用

一般に受胎率というと、その農場の単純化した平均受胎率だけで述べられることが多いですが、そのなかにはモニターすべきさまざまな受胎率が存在しています。

### 1）平均受胎率と産次数別の受胎率

同じ受胎率36%のA・B農場を1産目と3産目で比較しています（図4-9・10）。平均受胎率36%といっても、産次数別で見ると大きな差があることがわかります。A農場では初産の受胎率が極めて高いのに対して、3産以上牛の受胎率は当初低いことがわかります。多くの農場でよく見られる現象で、群全体の平均だけを見ていては問題を見逃してしまうでしょう。一方、B農場はどうでしょうか？ どちらも平均的に同じ受胎率を示していて安定感を感じさせますが、さらに初産などの受胎率の向上が望めるかもしれませんね。

### 2）平均受胎率と回数別受胎率

授精回数別に見ておくことは非常に有意義なことです。図4-11の左側は、初回授精から一貫して高い受胎率を維持していますが、右の農場は初回から6回目にかけて徐々に受胎率が上向いています。この農場においては、乾乳や移行期の問題を十分に検討しなければならないことを示唆しています。

図4-9　A農場の産次別授精回数別受胎率

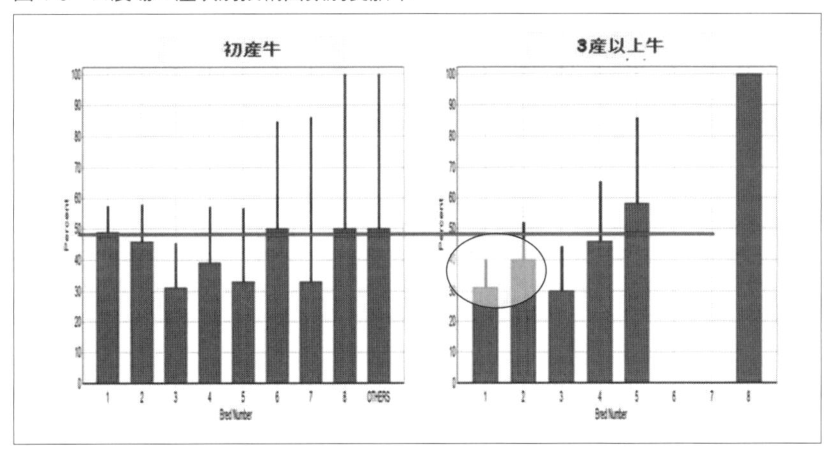


図4-10　B農場の産次別授精回数別受胎率

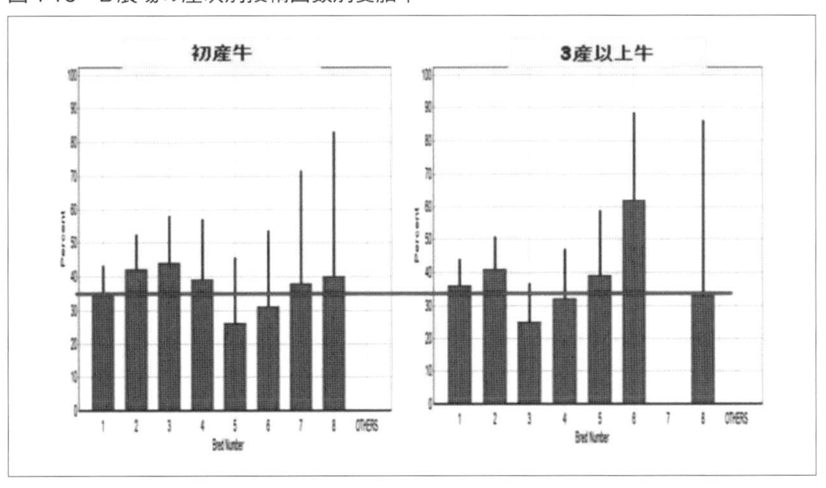


図4-11　種付回数ごとの受胎率に変化はあるか

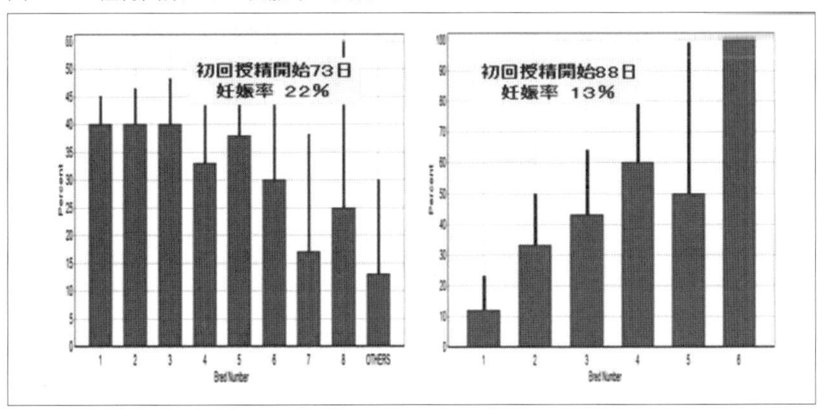

## 3）経時的な平均受胎率の変化

図4-12は、受胎率を経時的に表現しています。農場によっては、その変動に特徴のあるものがあります。とくに暑熱ストレスなどを表現する良いグラフになります。この図では最近急速に受胎率が低下していることを示しています。

図4-13は、同じ経時的受胎率ですが、初回授精受胎率だけを経時的に表しています。平成14年に一体何が起きたのでしょうか？ このときに緊急事態であることを知らせました（写真4-1）。対策後、再び受胎率は回復しました。こうした経時的なものをモニターすることによって、今その農場の繁殖に何が起きているのかを知ることができます。

図4-12　経時的な受胎率の変動

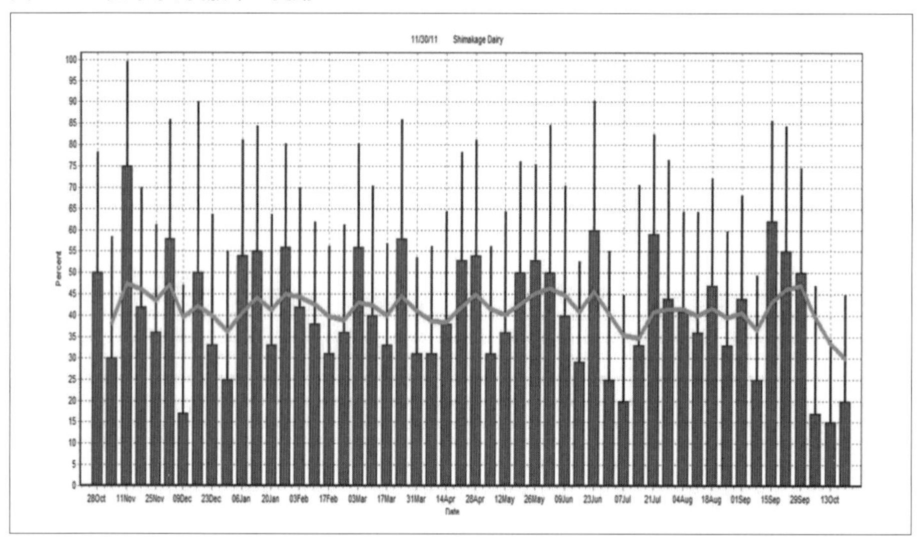


図4-13　種付回数ごとの受胎率に変化はあるか

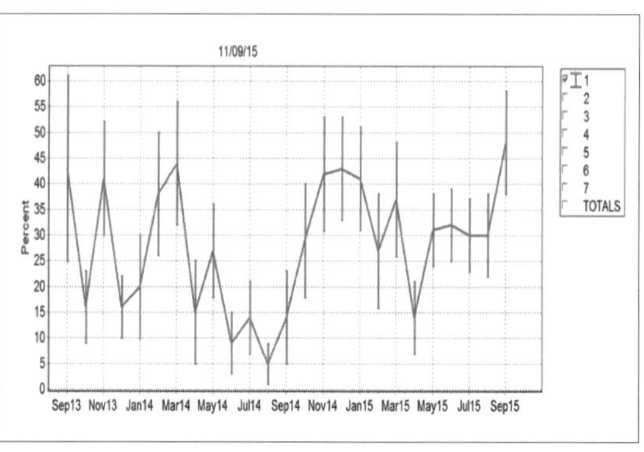


写真4-1　緊急事態のお知らせ

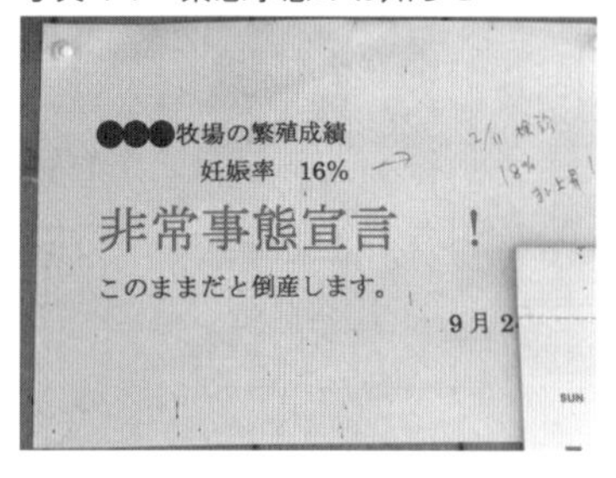

## 4）処置別の受胎率

図4-14は、二つの農場の自然発情の受胎率と、各種ホルモン処置による受胎率をモニターしています。獣医師は繁殖検診や診療などにおいてさまざまなホルモン処置を施しますが、それらがどのような受胎率を示しているかをモニターすることはあまり行なわれていません。しかし、高いホルモン処置がどのような受胎率を示しているかを農場に示すことは、処置者として、あるいは請求者として絶対に行なわれなければならないモニターです。

私は、その有効性の判断として、その農場における自然発情受胎率を一つの指標にします。各種ホルモン処置が、その農場の自然発情受胎率と比較して、どうあるべきかをモニターします。ホルモン処置がおおむね正しい判断で行なわれていれば、その受胎率は農場の自然発情受胎率とほぼ同等の結果が得られるはずです。農場間で比較するのではなく､農場内で比較することが重要です。

さらに、稀にですが、ホルモン処置のほうが自然発情受胎率よりもはるかに良い結果が出る場合がありますが、そうしたときには、その農場における発情発見の精度を疑う必要が出てきます。

処置の内容に関しては割愛します。PG単味の成績が振るわないのは、胎子死や蓄膿気味の牛に投与した結果が多く含まれているからではないかと思います。ほかの処置はおおむね農場の自然発情受胎率の前後になっていることがわかります。

図4-14　ホルモン処理と受胎率の関係は？

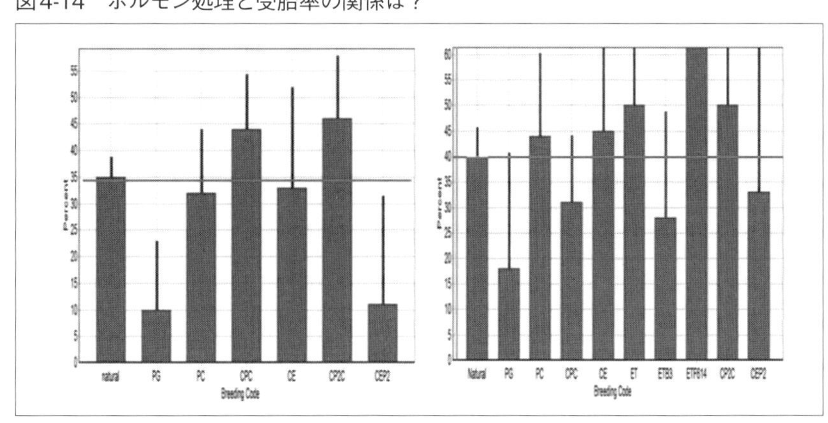

このように、一口に受胎率といっても、さまざまな切り口を探すことによって農場における問題が浮き彫りになりますし、今何が起きようとしているのかがわかります。逆説的にいえば、農場の受胎率を単純平均して見ることの危険性が理解できるはずです。

## 8 平均空胎日数と妊娠率のモニター

繁殖に関して最も重要な定義というのは、「妊娠は善で、不妊は悪」ということです。もちろん適期という要素もありますが、繁殖の原理原則は、「プラスかマイナスか」が最も重要な要素となることは疑いのないことです。したがって、「もし、牛が種付けをして妊娠したら、そのためのモニターであれば何であれ、それによる数値は改善されたことを示さなければならないし、また、もし牛が種付けをして妊娠しなければ、そのモニターの数値は低下を示すべきだ」ということです。そういうモニター項目が必要であるということになります。これは単純ですが、なかなかむずかしいことです。空胎日数（Ave. Days Open）と妊娠率を例に示して、少し違った方法で、その意味を考えてみましょう。

今、3頭の乳牛がいる酪農場があるとします（**図4-15**）。Cow1は搾乳日数（DIM）が90日で妊娠、Cow2はDIMが110日で妊娠していますが、Cow3はDIMが130日、種付けを継続中でまだ妊娠していません。この農場の現在の平均空胎日数は100日〔(90 + 110) ÷ 2 = 100日〕と好調を示すことになります。そこで、Cow3がDIM160日で妊娠したとしましょう。そうすると、この農場の新しい平均空胎日数は120日〔(90 + 110 + 160)÷ 3 = 120〕となってしまいます。すなわち、望む妊娠牛が得られたにもかかわらず、その数値は悪化していることになります。

図4-15　平均空胎日数と妊娠率

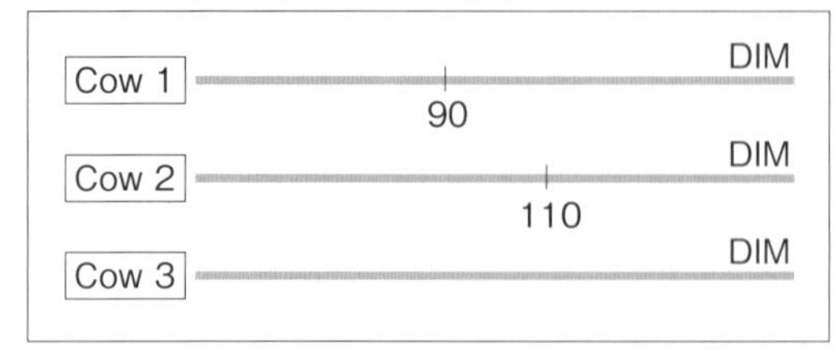

次に、前述とまったく同じシナリオで妊娠率を使ってみてみましょう（図4-16）。同時に妊娠率の計算の方法も理解してください。この例では、自発的授精待機期間（VWP）をDIM50日とします。Cow1はDIM90日あるいは2サイクル目に種付けをして妊娠したことになりますから、その牛の妊娠率は50％（1妊娠牛÷2サイクル）、Cow2はDIM110日すなわち3サイクル目に妊娠したので（1妊娠牛÷3サイクル）、この牛の妊娠率は33.3％ということになります。Cow3はDIM130日目すなわち4サイクル目で種付けを実行中で妊娠していません。したがって、この農場における現在の妊娠率は、トータルで22.2％〔2妊娠牛÷(2＋3＋4サイクル)〕となります。そこでCow3がDIM160日で妊娠したとします。そうすると新しいこの農場の妊娠率は27.2％〔3妊娠牛÷(2＋3＋6サイクル)〕と、明らかな改善を示すことになります。

図4-16　平均空胎日数と妊娠率

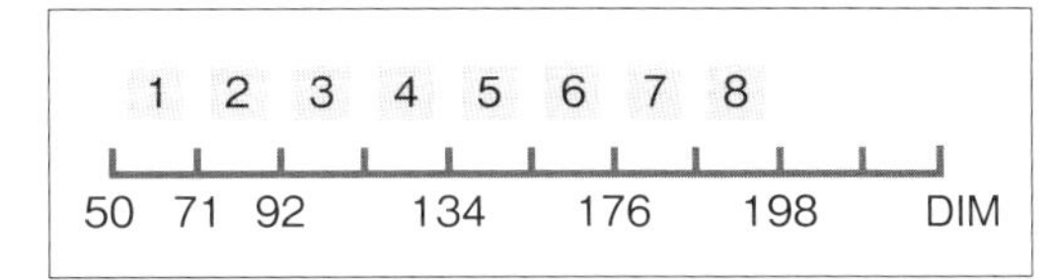


平均空胎日数や分娩間隔は過去から良い指標であることに変わりはありませんが、この妊娠率は受胎搾乳日数や廃用などに影響されることなく、繁殖に供された牛の妊娠というパフォーマンスを直接的に伝える良い手法であることが理解できると思います。妊娠率というモニター手法が広く世界で利用される理由がここにあります。

## 9 妊娠率1％の重み

それでは、妊娠率の改善は、どのくらいの価値があるのでしょうか？ 例をとって見てみましょう。

100頭搾乳、発情発見率50％、受胎率35％、つまり妊娠率17.5％（＝50％×35％）の農場で考えてみましょう。21日サイクルは年間17回（365÷21）で、農場の一般的1サイクルにおける妊娠すべき頭数（Pregnant Eligible）は、頭数の25～30％となりますから（今回は30％として考えてみましょう）、この農場では30％あるいは30頭（＝100×30％）の17.5％が妊娠しますので、1サイクル当たり5.25頭（30×50％×35％）の妊娠牛が得られ、年間では5.25×17≒89頭くらいの妊娠牛が得られるわけです。この状態の農場において、妊娠率が1％上昇するとどうなるでしょうか？

1サイクル当たり5.55頭（＝30×18.5％ or 30×53％×35％）となり、1サイクル当たり0.3頭の差が生まれることになります。年間では0.3頭×17サイクル≒5頭の妊娠牛の差になります。このように、たった1％の妊娠率の向上は、大きな差を生み出すことになります。この妊娠率を1％上げるためには、わずかに発情発見率を3％増加（53％×35％＝18.55％）、1サイクル当たりの頭数で0.9頭多く見つけたり、種付けをすればよいことになります。日々のわずかな積み重ねが、結果として大きなものをもたらします。また、繁殖の良い農場と良くない農場といっても、「1日のなかでは、わずかな努力の差、ちょっとした注意や意欲の違いだけ」とも換言できるということです。繁殖検診の目的の大きな部分がそこにあるといってもよいし、そのためのモニターといってもよいでしょう。「わずかな努力で確かな重み」――それが妊娠率1％の重みといえます。

こうした理由から、繁殖管理・検診において、妊娠率は最も重要なモニター項目の一つになると考えられます。繁殖検診あるいは繁殖管理を考える際に、ぜひ知っておいてもらいたいことです。

### 1）妊娠率1％の重みは一緒ではない

図4-17は妊娠率の向上とその経済効果を示しています。妊娠率の低い農場ほど、その向上したときの経済効果が高いことがわかります。一方、すでに妊娠率の高い農場での1％の向上の効果は少ないものの、それでも伸び続けていることがわかります。どういうことでしょうか？ 同じ規模の農場があるとします。1カ月に5頭しか分娩牛がいない農場に、もしもう1頭の分娩牛が増えると、それは20％生産性が向上することを示しますが、すでに分娩する牛が10頭いる農場で1頭の分娩牛が増えても、それは10％の効果でしかなくなります。繁殖の悪い農場ほど、妊娠率1％の重みが増し、繁殖改善の効果が大きいのです。

図4-17　経済的利益と繁殖の関係は直線ではない

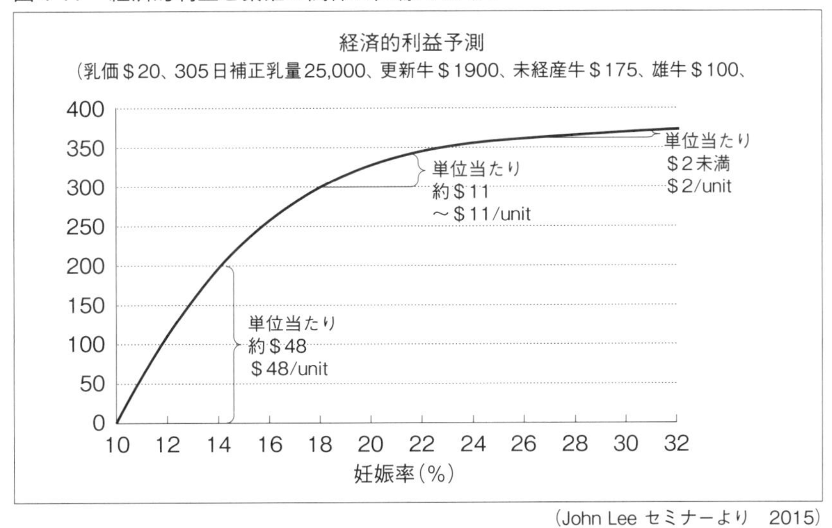


（John Lee セミナーより　2015）

## 10 搾乳日数150日での空胎牛割合

Dairy Comp 305（米国のデーリィコンプ305プログラム＝牛群管理プログラム）では、搾乳日数が150日以上経っても妊娠を確認できない牛の割合を常にモニターしています。10～12%以下を目標においてモニターしています。それ以上の数字が継続すれば、問題があると考えられます。

## 11 流産頭数

流産の頭数をモニターすることは大変に重要です。P. Frickeらは、妊娠日数28～56日目までに13.5%の妊娠ロスが認められたと報告しました（図4-18：Jill Colltonセミナー資料より）。この数字は、われわれの実感からは少し多いように思いますが、とくに超音波診断などで早期の妊娠鑑定を行なう場合は（早期妊娠診断については後述）、その自然流産率も念頭においてモニターする必要があります。酪農家にも、そのことを認識してもらう必要があります。この

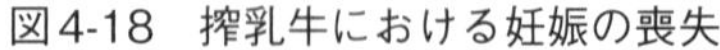
図4-18　搾乳牛における妊娠の喪失

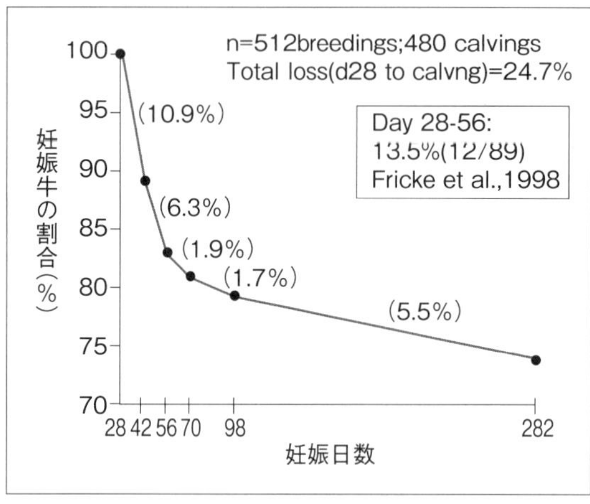


(Vasconcelos et al.,1997)
(slide courtesy of Paul Fricke.PhD)

妊娠ロスが増えるときは、飼料の品質やマネージメント、環境の変化がなかったかどうか、あるいは感染症などへのワクチン接種の有無などを考える必要性が出てきます。

## 12 平均乾乳日数

平均乾乳日数が長すぎないか、を確認する必要があります。繁殖に問題があると長引くことになります。また、搾乳牛の数と搾乳牛用施設のキャパシティとのバランスが悪いと、早めの乾乳が行なわれ、乾乳日数が延びてくることもあります。その結果として、出荷乳量や乳飼比、あるいは乾乳牛の安楽性、そして繁殖に強く影響することがあるのでモニターすべき重要な項目です。

## 13 牛の在庫予測管理(Inventory)

乳牛の現在および将来の在庫予測管理は、酪農経営の面で重要です。とくに規模拡大時や生産調整などによる出荷制限があるときなどは、便利なモニター項目です。図4-19※注1では、農場の現在の搾乳牛と乾乳牛および育成牛と新生子牛を、現在の妊娠牛から予測管理しています。廃用なし、生まれる子牛の約45%が雌としていますので、その農場の実際の廃用の状況や雌牛の出生率などを多少加味して考えることで、かなり精密な予測が可能となります。

図4-19からは、2月現在の総搾乳牛数（Lact＞0）が331頭で、8月には約390頭になると予測されます。これは今後6～7カ月に60頭の牛を廃用もしくは売却しなければ、乳牛が増えていくことを示しています。また、育成牛（Lact

＝0）では廃用などはほとんど考えられませんので、少なくともこの間に30頭くらいの増頭が見込まれ、その施設や売却計画の必要なことが見てとれます。

図4-19　乳牛の将来の在庫予測

| | Milking | Dry | Lact>0 | %M | Lact>1 | Lact=1 | Lact=0 | Total |
|---|---|---|---|---|---|---|---|---|
| Feb | 278 | 53 | 331 | 83 | 203 | 128 | 241 | 572 |
| Fresh | 31+ | 20- | 11+ | | 20 | 11 | 11- | |
| Dry | 14- | 14+ | | | 6 | 8 | 14+Born | |
| Mar | 295 | 47 | 342 | 86 | 214 | 128 | 245 | 587 |
| Fresh | 37+ | 26- | 11+ | | 26 | 11 | 11- | |
| Dry | 23- | 23+ | | | 9 | 14 | 17+Born | |
| Apr | 309 | 44 | 353 | 87 | 227 | 126 | 252 | 605 |
| Fresh | 26+ | 20- | 6+ | | 20 | 6 | 6- | |
| Dry | 22- | 22+ | | | 15 | 7 | 12+Born | |
| May | 313 | 46 | 359 | 87 | 236 | 123 | 258 | 617 |
| Fresh | 28+ | 23- | 5+ | | 23 | 5 | 5- | |
| Dry | 23- | 23+ | | | 15 | 8 | 13+Born | |
| Jun | 318 | 46 | 364 | 87 | 249 | 115 | 266 | 630 |
| Fresh | 37+ | 23- | 14+ | | 23 | 14 | 14- | |
| Dry | 33- | 33+ | | | 22 | 11 | 17+Born | |
| Jul | 322 | 56 | 378 | 85 | 256 | 122 | 270 | 648 |
| Fresh | 35+ | 24- | 11+ | | 24 | 11 | 11- | |
| Dry | 19- | 19+ | | | 13 | 6 | 16+Born | |
| Aug | 338 | 51 | 389 | 86 | 264 | 125 | 276 | 665 |
| Fresh | 44+ | 35- | 9+ | | 35 | 9 | 9- | |
| Dry | 5- | 5+ | | | [illegible] | [illegible] | 20+Born | |

※注1：画面の都合で一部を抽出していますが、実際には、1～9月までの予測が出ています。成牛と育成牛の妊娠診断に基づいていますから、妊娠診断が早ければ、その分、在庫管理予測も、より先まで見ることができます。

# 第5章 繁殖状況の的確な表現とは

〔㈱ゆうべつ牛群管理サービス・安富 一郎〕

## 1 妊娠率：群として繁殖状況を正しく、かつリアルタイムに表現する

「繁殖」が酪農経営において最も重要な要因であることはご存じでしょう。では、「繁殖」が牛群にもたらす影響とはいったい何でしょうか？ 日常のすべてのコストと労力は、最終的に出荷乳量という形で目に見えてきます。その出荷乳量は、「日平均乳量×搾乳頭数」という計算式から成ります。現場で「今日は平均で○○kg出た」という会話をよく耳にしますが、実際の農場で起こっている真の姿は**図5-1**のようになっています。そこから見て感じ取れることは、「日平均乳量は何kg」ではなく、それぞれの牛に今日の「日乳量」があり、その頭数も分娩後日数として大きな広がりがあるということです。

「繁殖」とは、「空胎」を「妊娠」に変化させる管理のことで、妊娠した牛は、その後「乾乳」として搾乳群から一時的に離れます。日乳量は分娩後日数が進むと、図のように右下方向に下がります。妊娠できない、または非常に遅れて妊娠した牛達は、結局、この図の右下のところで長く搾乳され続けることになります。そうしたことが「日平均乳量」の足を引っ張り、出荷乳量が期待どおりに増えない原因にもなるのです。

そうした右下にある牛達を少なくすることは、繁殖管理によって実現できま

図5-1　各牛の分娩後日数と日乳量

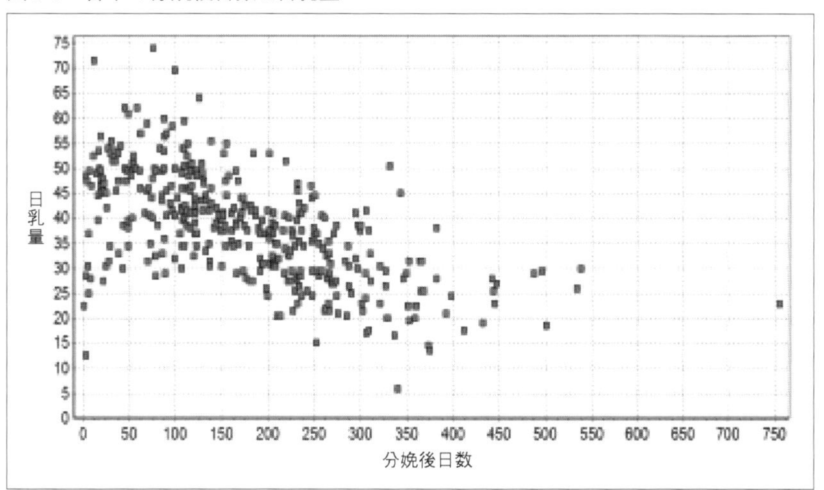

図5-2　分布を左側にシフトさせることが繁殖の成果

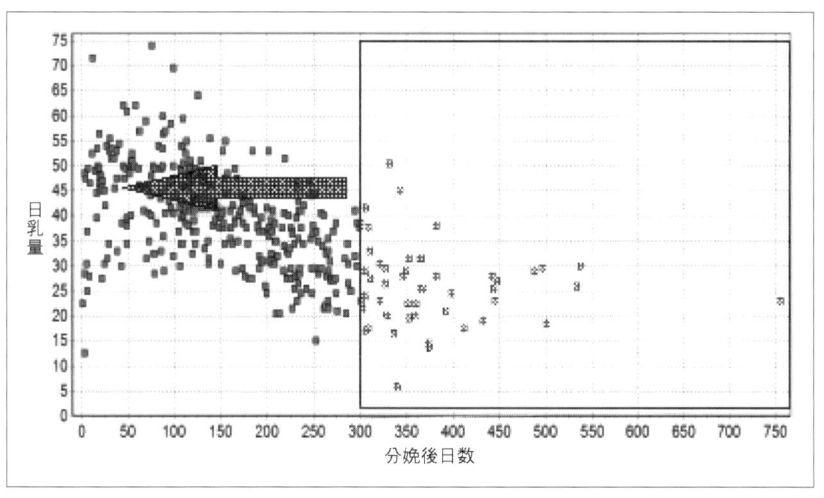


す。つまり「日乳量」の分布を、より左側にはシフトさせることで（図5-2）、「日平均乳量」を上昇させ、出荷乳量を増やすことが繁殖の成果であると筆者は考えます。

繁殖が良くなっているのか、悪くなっているのか？　この変化を、正確かつ最新のものとして示す羅針盤が農場には必要で、その最も良い指標に「妊娠率」があります。本章では、ほかの指標との違いを述べながら、妊娠率について解説します。

### 1）古典的な指標：分娩間隔と空胎日数

「分娩間隔」と「空胎日数」という指標は、古くからよく使われてきました。これらは確かに牛群の繁殖成績を表しますが、大きな欠点がありました。それは、「ラグ（時間の遅れ）」と「バイアス」のなかで作られた成績であるということです。

例えば、分娩間隔は最も新しい分娩日と、その一つ前の分娩日との間隔として表現され、空胎日数は最も新しい分娩日と、妊娠が確認された授精日までの間隔となります。それらの成績の変化は、前者では新しい分娩の発生によって、後者では妊娠鑑定での受胎確認によって起こります。では、その変化をもたらす起点になる繁殖管理と成績の変化では、どのくらいのラグがあるでしょうか。分娩間隔でいえば、妊娠期間である9カ月間以上、空胎日数でいえば、妊娠鑑定で超音波診断装置（以下、エコー）を使うかどうかにもよりますが、25～60日間以上の遅れが生じます。分娩間隔よりも空胎日数のほうが、より最近の繁殖管理の状況を表してはいますが、管理の状況を知るには、それだけのラグがあることになります（分娩間隔は、今の管理の姿とかけ離れたものである！）。

バイアスとは、成績の偏りのことです。分娩間隔は、2回以上の分娩を持つことが前提条件であるため、初産牛には成績がありません。また空胎日数は、

図5-3　分娩間隔の分布には偏りがある

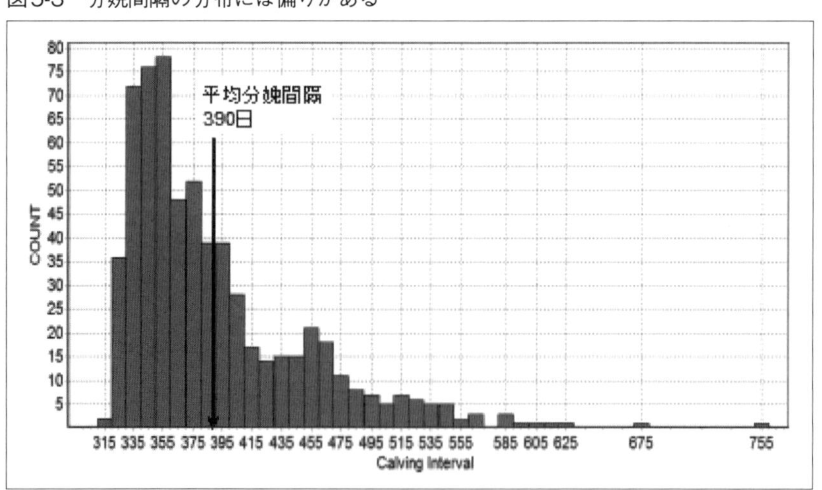

妊娠牛のみが対象であるため、不受胎、多回授精といった酪農家が本当に悩んでいる問題牛の影響をまったく受けない数字であるのです。また、これらを平均値で見ることも良いとはいえず、多くの繁殖指標は、図5-3のような分布に偏りがあることを知っておく必要があります。

現場でよく耳にするこれら繁殖の指標は、現状の管理の姿を表すには、あまりにも長いラグがあり、かつ牛群の部分的な指標でしかないということを理解する必要があります。では、どうすれば現状の繁殖管理の姿を正しく知ることができるのでしょうか。今の管理は良くなっているのか、悪くなっているのか？

## 2）妊娠率とは

「受胎率」は、授精実施できた牛を分母にして計算された数値であるのに対し、「妊娠率」は、授精対象牛すべてを分母にしていることが違いです。それを妊娠率の意味であると思われている方はいないでしょうか？ それは正解ではありません。妊娠率とは「時間」を含む指標である、ということが最も重要となります。例えば、「100kmを走った」と「2時間で100km走った」との違いが、そこにあります。

妊娠率の説明を、乳牛3頭を飼っている牛群を例にして述べます。妊娠率の計算には、まずVWP（自発的待機期間、後の章で説明する）を設定する必要があります。この牛群では、分娩後50日間をVWPとしており、50日目から発情が来れば授精を始めることにしています。牛1～3の繁殖状況は図5-4のとおりで、平均空胎日数を計算すれば100日となります（＝90＋110＝200÷2＝100）。妊娠率の計算で最も重要なことは、「性周期（21日間）＝サイクル数を数える」ということで、VWPを過ぎてからのサイクル数を数えます。ただ

図5-4　平均空胎日数は100日だが

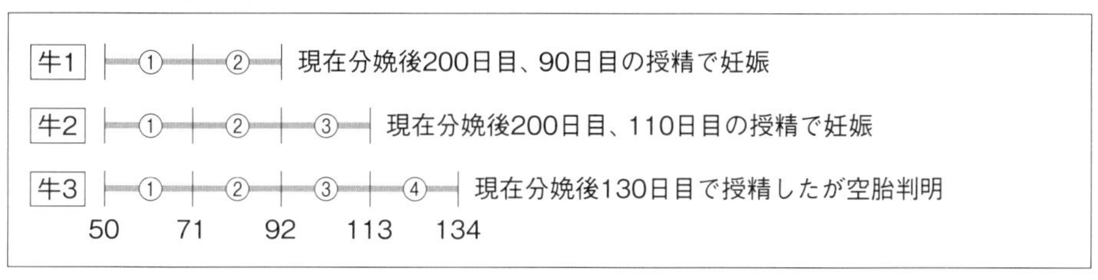

図5-5　牛3が160日目の授精で妊娠したら

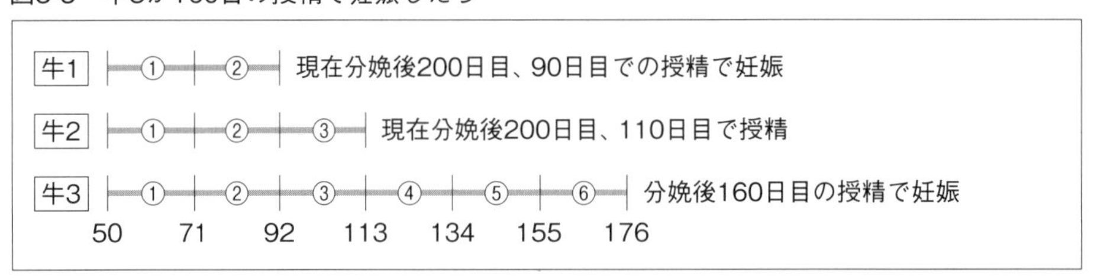


し、妊娠牛は受胎までのサイクル数、そして空胎牛は現時点までのサイクル数となり、例では、9サイクル（2＋3＋4＝9）となります。妊娠率の計算は「**妊娠頭数÷サイクル総和**」であり、妊娠率は22％となります（2妊娠÷9サイクル×100＝22％）。

もし、牛3が160日目の授精で妊娠が確認されたとします（**図5-5**）。平均空胎日数は120日と延長しますが（90＋110＋160＝360÷3＝120）、妊娠率は27％に上昇します（3妊娠÷11サイクル×100）。

牛3が妊娠できた結果を、空胎日数のモニターでは悪化と評価し、妊娠率では良化と評価します。妊娠牛の獲得は良い成果のはず！

この妊娠率をモニターするためには、専用のソフトを使うことを筆者は推奨します。それはDairy Comp 305（Valley Agricultural Software）であり、国内でも、酪農家、獣医師やコンサルタントの間でユーザーが増えており、とくに大規模農場では必須のツールであると考えます。なぜなら、現状の繁殖状況を正確に把握できていなければ、目標設定や現状の危機意識も違ってくるからです。

実際の例を紹介すると**図5-6**のようになります。これは、繁殖検診の直前に、授精データを入力した後の繁殖状況を示します。その日付の前日を最終日としたサイクルの起点になるのは7月5日であり、過去に向かってサイクルをさかのぼっていきます。その時点で、授精対象牛となる頭数（サイクル）が178→188→180→160……となり、総和が3040サイクルとなります。前の図の説明では、分娩からサイクル数を数えていったのに対し、この図では、現在を起点にして、過去（分娩）に向かってサイクルを数えることになります。

妊娠率と同様に、各サイクルの授精実施の有無を分子にして計算する発情発

図5-6　Dairy Comp 305 は必須のツール

Dairy Comp 305 : Please change with ALTER¥11

File　Reports　Custom　Health　Enter1　Enter2　…lysis 1　Analysis 2

Command ?

BRDE: 21 day pregnancy risk|Wait Period 50

| Date | Br Elig | Bred | Pct | Pg Elig | Preg | Pct | Aborts |
|---|---|---|---|---|---|---|---|
| 7/13/14 | 264 | 205 | 78 | 260 | 64 | 25 | 4 |
| 8/03/14 | 237 | 163 | 69 | 232 | 51 | 22 | 2 |
| 8/24/14 | 233 | 181 | 78 | 230 | 57 | 25 | 5 |
| 9/14/14 | 209 | 162 | 78 | 208 | 47 | 23 | 3 |
| 10/05/14 | 209 | 159 | 76 | 207 | 58 | 28 | 3 |
| 10/26/14 | 188 | 127 | 68 | 186 | 49 | 26 | 1 |
| 11/16/14 | 170 | 135 | 79 | 170 | 40 | 24 | 3 |
| 12/07/14 | 163 | 126 | 77 | 159 | 40 | 25 | 6 |
| 12/28/14 | 162 | 116 | 72 | 162 | 34 | 21 | [illegible] |
| 1/18/15 | 170 | 131 | 77 | 170 | 47 | 28 | [illegible] |
| 2/08/15 | 166 | 120 | 72 | 162 | 39 | 24 | [illegible] |
| 3/01/15 | 163 | 123 | 75 | 157 | 42 | 27 | 4 |
| 3/22/15 | 160 | 114 | 71 | 158 | 29 | 18 | 4 |
| 4/12/15 | 180 | 124 | 69 | 176 | 45 | 26 | 2 |
| 5/03/15 | 188 | 136 | 72 | 185 | 51 | 28 | 2 |
| 5/24/15 | 178 | 113 | 63 | 175 | 39 | 22 | 0 |
| 6/14/15 | 196 | 142 | 72 | 0 | 0 | 0 | 0 |
| 7/05/15 | 172 | 152 | 88 | 0 | 0 | 0 | 0 |
| Total | 3040 | 2235 | 74 | 2997 | 732 | 24 | 45 |

各サイクルで 授精できた頭数

各サイクルで妊娠できた頭数

各サイクルの成績

過去にさかのぼり、サイクルを数える

サイクルの合計（授精対象）　授精牛の合計頭数

サイクルの合計（妊娠対象）　妊娠牛の合計頭数

発情発見率74％＝<br>授精頭数2235÷3040サイクル×100<br>妊娠率24％＝<br>妊娠頭数732÷2997サイクル×100

図5-7　サイクルごとでの授精実施率と妊娠率のバラツキ

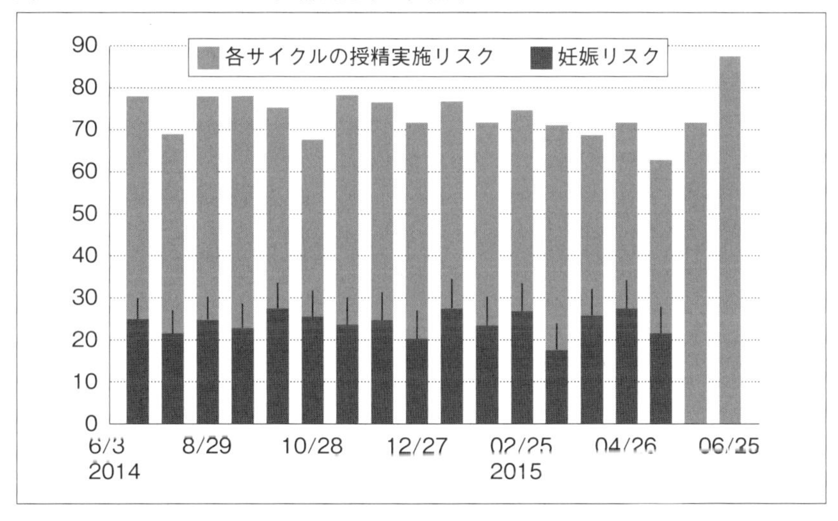


見率でも、サイクルという時間の概念が含まれます。発情発見率や妊娠率は、単に割合を意味するのではなく、スピード感を含む指標であるとわかるでしょう。妊娠率は、いかに妊娠を獲得できたかを表すものであり、かつ問題牛のサイクルも含めた指標であることがわかります。

また、サイクルごとに成績を見ることも重要です。この場合は、授精実施または妊娠獲得できた割合を指します（「授精実施リスク」や「妊娠リスク」という用語を使う、図5-7)。各サイクルでのバラツキが小さいことが望ましい姿であり、極端に良い・悪い成績よりも、一定以上の成績を繰り返すことが理想だと考えます（授精実施リスク≧60%、妊娠リスク≧20%)。

### 3）妊娠率1%の価値

空胎牛を妊娠させると、どの程度、牛の経済価値は上昇するのでしょうか？Dairy Comp 305の「カウバリュー」という機能を使って、一事例について考えてみましょう。図5-8のような農場の繁殖管理レベルや淘汰状況、それに経済的条件を設定しました。その条件下で牛群の評価を行なうと、①平均的な牛の価値は35万円、②空胎牛が新たに妊娠すると8万2300円の価値が増す、③妊娠牛が流産すると30万7600円の価値が下がる、という結果になりました（図5-9)。つまり、妊娠鑑定でプラスとわかったことで、牛の価値は8万円の価値が加わることになります。

図5-8　Dairy Comp 305 での条件設定

| 繁殖管理 | | 乳量 | |
|---|---|---|---|
| 発情発見率 | 73% | 初産 | 8644キロ |
| 受胎率 | 33% | 2産 | 9747キロ |
| VWP | 50日 | 3産以上 | 10168キロ |
| 平均空胎日数 | 120日 | | |

| 経済 | | 更新率 | |
|---|---|---|---|
| 初妊牛価格 | 55万円 | 初産 | 15% |
| 廃用牛価格 | 15万円 | 2産 | 28% |
| 乳価 | 85円／キロ | 3産 | 30% |
| 維持費用 | 537円 | 4産 | 40% |
| 限界費用 | 17.6円／キロ | 5産 | 50% |
| | | 6−9産 | 60% |

図5-9　妊娠鑑定プラスで牛の経済的価値が変わる

| Parameter | Value | |
|---|---|---|
| Cull Milk | 20 | |
| Replacement | 4001 | |
| Heifers | 475 | |
| To Sell | 29 | |
| To Keep | 886 | |
| | | |
| Average | CWVAL | 3505 |
| | | |
| Open | 367 | |
| Average | PGVAL | 823 |
| | | |
| Preg | 548 | |
| Average | PGVAL | 3076 |

Average:牛の経済的価値の平均。空胎牛が367頭いて、それが妊娠すれば8万2300円の経済価値が上昇する。妊娠牛が548頭いて、それらの妊娠の平均的価値は30万7600円である（もし流産するとその価値を失う）

次に、妊娠率の上昇により、牛群がどのように変化するか考えてみます。妊娠率15%の牛群では、通常、1サイクルで25～30%の繁殖対象牛を持ちます。200頭の牛群であれば50～60頭です。妊娠率が1%上昇すれば0.5～0.6頭／サイクル、年間で9頭もしくは72万円以上の価値を得ることになります（15%から24%に上昇すれば約650万円の価値を得る）。

また、その妊娠の価値は一定ではありません。図5-10は、平均的な泌乳性を持つ初産牛が、分娩後62日目の授精で受胎したことによる経済的価値の変化を示します。もし空胎のままであれば、分娩後日数が進むにつれて、その価値は下がっていきますが、妊娠の価値が加わることで、その牛の価値は下げ止まり、上昇に転じます。この図で注目すべきは、妊娠価値自体も、その在胎日数が進むにつれて増していくことで、妊娠がより確実なものになっていくことで変化することがわかります。

図5-10　分娩後62日目で受胎した乳牛の経済的価値の変化

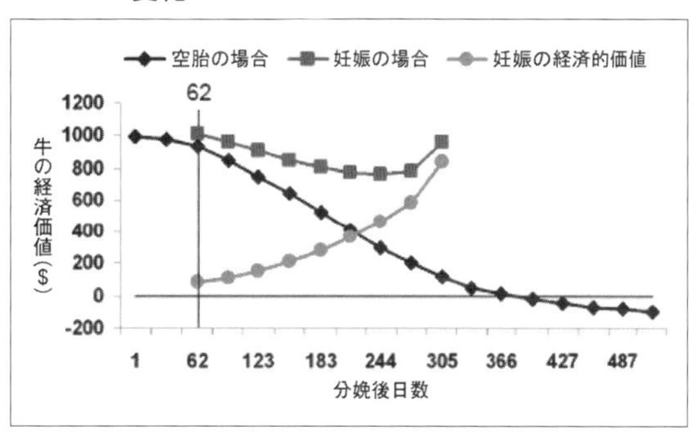


図5-11　妊娠率1%違いと乳牛の経済的価値

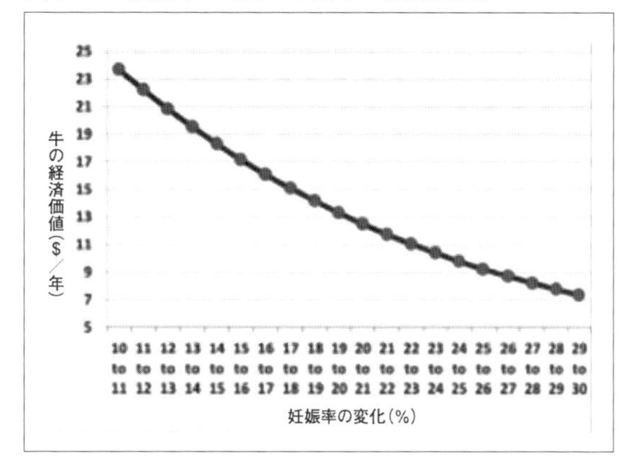


さらに、妊娠率1%の価値も、その時点での繁殖成績（妊娠率）によって異なります。例えば、14%→15%と24%→25%とで、妊娠率1%の変化が農場にもたらす影響は違ってきます。これは図5-11で具体的に示されており、繁殖の悪い農場のほど、その改善効果が大きいことは、実際にその場にいる方が一番実感されているはずです。

※妊娠率の低い牛群ほど、1サイクルにおける授精対象牛頭数は多く、妊娠率1%の上昇によって得る1サイクルの妊娠牛増加頭数も多い！

##  繁殖状況を表現する：指標と目標設定

### 1）頭数と割合

繁殖管理の成果は「頭数」と「%」の両方で評価する必要があります。妊娠率を測定する際、授精対象を決めることが大きなバイアスになります。ある農場では、繁殖中止を早く決める場合とそうでない場合、または農場の戦略として、繁殖中止牛を多く保有しながら、後継牛の入れ替えを積極的に行なうかどうかでも、妊娠率の数字の意味は変わります。

そこで筆者は、妊娠率と同時に月間妊娠目標頭数を管理者に意識してもらい、**表5-1**のような計算方法で算出しています。この目標値は決して難しい頭数ではないかもしれませんが、繁殖中止を早期に判断して、授精対象の絞り込みを行なっている牛群では厳しいかもしれません。また、こうした頭数を出すことで、月間での変動を小さくすることが、このモニターの真の目的でもあります。

表5-1　繁殖目標の計算例

| 計算式 | 頭数<br>100 | 成牛のサイズ |
|---|---|---|
| 100÷13＝ | 7.69 | 13カ月の分娩間隔で平均化して月間分娩予定頭数 |
| 7.69÷0.9＝ | 8.54 | 妊娠牛、妊娠の喪失を10%見込む |
| 8.54×0.75＝ | 6.40<br>6.40 | 経産牛の更新率を25%見込む<br>月間妊娠目標頭数 |
| 6.4×12＝ | 76.80 | 年間妊娠目標頭数 |
| 76.8÷26＝ | 2.95 | 2週間間隔の繁殖検診で期待される妊娠目標頭数 |

### 2）発情発見率はどのように計算される？

乳検で示されている発情発見率の計算方法は、ご存知でしょうか？ それは、

**発情発見率％＝（平均授精回数）÷（（空胎日数－初回授精開始日数）÷21）＋1）×100**

という計算式から計算される値です。

筆者が日常的に使用する発情発見率は、先ほど妊娠率で説明した方法と同じで、**図5-12**の状況を発情発見率で表現するなら、（6授精÷10サイクル）×100＝60%となります。

では、この二つの異なる算出方法から得られる発情発見率の違いを、実際

の農場の例を使って説明してみましょう。

図5-13・14の牛群は、成牛を約960頭飼養する大規模牛群で、評価からわかるように妊娠率は24%と、目標に達する素晴らしい管理状況を示しています。この農場の初回授精の開始は、定時授精

図5-12　6授精÷10サイクルなので発情発見率60%

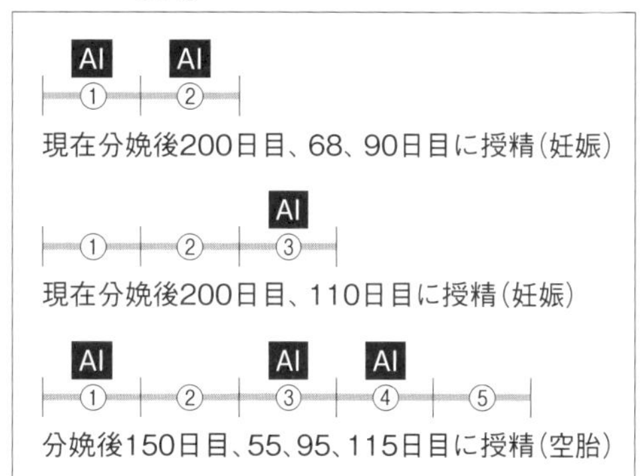


図5-13　成牛960頭牛群の例①

| Date | Br Elig | Bred | Pct | Pg Elig | Preg | Pct | Aborts |
|---|---|---|---|---|---|---|---|
| 7/13/14 | 149 | 99 | 66 | 148 | 33 | 22 | 6 |
| 8/03/14 | 159 | 95 | 60 | 159 | 31 | 19 | 2 |
| 8/24/14 | 161 | 98 | 61 | 161 | 34 | 21 | 6 |
| 9/14/14 | 184 | 119 | 65 | 183 | 41 | 22 | 3 |
| 10/05/14 | 192 | 125 | 65 | 191 | 47 | 25 | 3 |
| 10/26/14 | 185 | 117 | 63 | 184 | 47 | 26 | 10 |
| 11/16/14 | 179 | 110 | 61 | 178 | 37 | 21 | 2 |
| 12/07/14 | 166 | 115 | 69 | 163 | 46 | 28 | 4 |
| 12/28/14 | 153 | 100 | 65 | 153 | 43 | 28 | 5 |
| 1/18/15 | 165 | 90 | 55 | 163 | 29 | 18 | 3 |
| 2/08/15 | 174 | 128 | 74 | 171 | 35 | 20 | 2 |
| 3/01/15 | 182 | 101 | 55 | 180 | 39 | 22 | 4 |
| 3/22/15 | 187 | 130 | 70 | 186 | 54 | 29 | 5 |
| 4/12/15 | 174 | 106 | 61 | 172 | 40 | 23 | 0 |
| 5/03/15 | 186 | 138 | 74 | 184 | 55 | 30 | 2 |
| 5/24/15 | 177 | 113 | 64 | 174 | 48 | 28 | 0 |
| 6/14/15 | 169 | 109 | 64 | 0 | 0 | 0 | 1 |
| 7/05/15 | 169 | 128 | 76 | 0 | 0 | 0 | 0 |
| Total | 2773 | 1784 | 64 | 2750 | 659 | 24 | 57 |

左より、Date：日付、Br Elig：授精対象頭数、Bred：授精頭数、Pct：発情発見率、Pgelig：妊娠対象頭数、Preg：妊娠頭数、Pct：妊娠率、Aborts：流産

図5-14　成牛960頭牛群の例②

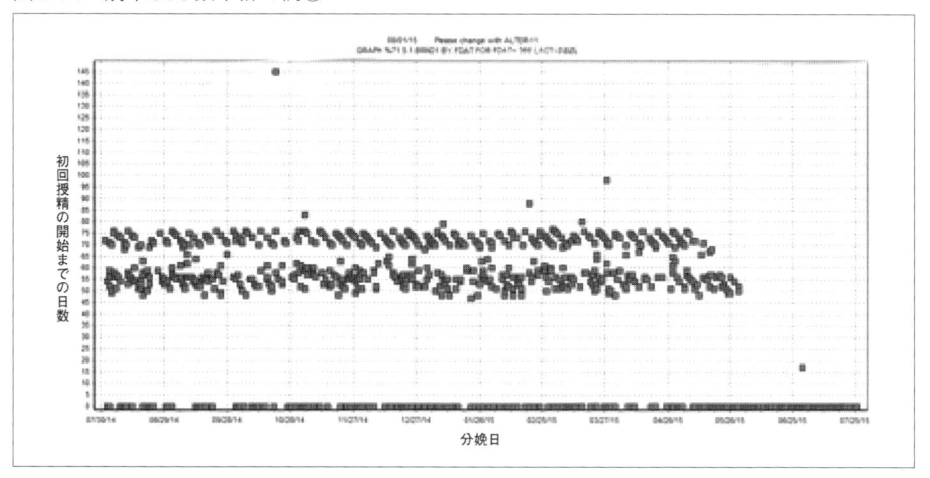

プログラムを利用して積極的にコントロールされ、平均で64日となっていました。空胎日数は平均で111日、平均授精回数は2.6回でした。この状況を前述した乳検の方法で計算すると、発情発見率は77.8%となりますが、筆者の使うモニタリングソフトDairy Comp305では64%となっています。二つの計算方法で、発情発見率は10%以上の違いを生じてしまうことがわかりましたが、では、なぜそのような違いが生じるのでしょうか？

乳検の計算式にある項目は、初回授精開始日数や空胎日数というように、授精された牛や妊娠を確認された牛のみを対象にした数値を使うため、真の姿を反映していない成績になってしまうと考えます。とくに未授精牛や空胎牛割合が多い場合、その差はもっと大きく開くかもしれません。皆さんが使っている発情発見率はどのように計算されたものかを、よく考えてみてください。

### 3）妊娠牛割合

現時点で、牛群の中で、妊娠している牛が何割いるのかを示すものです。この割合の目標は55%前後にあり、かつ変動幅も小さいということです。

繁殖のサイクルは、妊娠が空胎への変化である分娩（妊娠→空胎）と、妊娠への変化を起こす授精（空胎→妊娠）によって回転していると考えられます（図5-15）。先に述べた月間妊娠頭数というような目標頭数を常に意識しながら達成できていれば、時間フレーム（週単位、月単位または1周期＝21日間）でのこうした頭数は同じくらい起こるはずであり、妊娠鑑定プラス≒乾乳≒分娩≒フレッシュチェックに近づくはずです。つまり、繁殖検診で見る頭数が多くなったり減ったりする変化も、繁殖管理が上手くいっていない表れの一つであるといえるでしょう。

図5-15　繁殖のサイクル

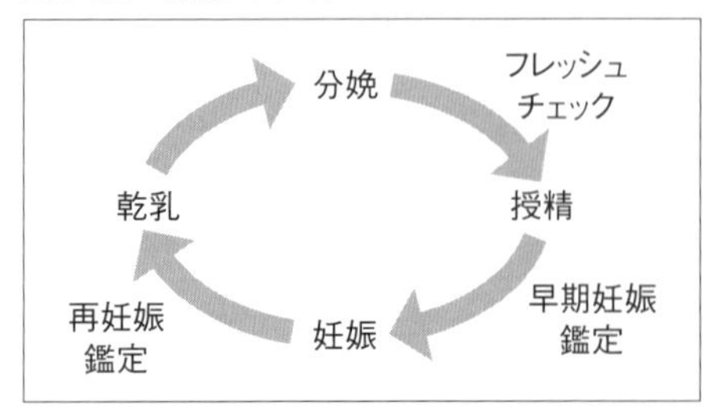


また、こうした観点で繁殖を評価する別の方法として、現時点の姿を搾乳日数のタイムフレーム（図5-16は30日単位）によって搾乳頭数を集計したヒストグラムがあります。30日ごとの頭数の変動が小さく、一定

図5-16　現時点の搾乳日数ごとの搾乳牛頭数

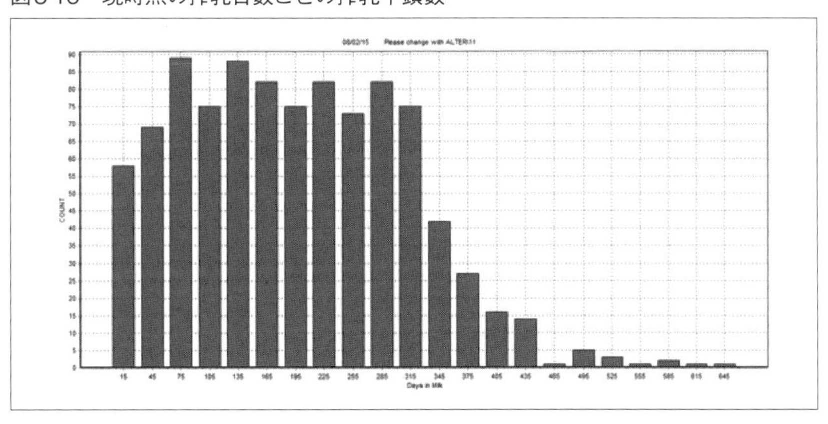

時期を過ぎると、乾乳によって急激に搾乳頭数が減っていく様子がわかるでしょう。酪農家に繁殖管理の結果をこのように表現して見てもらい、問題を共有することもできます。

## 4）再授精発情発見割合と妊娠鑑定割合

発情発見率を二つに分けて考えることが大切です。一つは、空胎と知っている牛を、どれだけ授精実施できたか。もう一つは、授精牛のなかの空胎をどれだけ発見して、妊娠鑑定になる前までに授精できたか。

皆さんは、前者のほうを強く意識されていると思いますが、後者のほうはどうでしょうか。「周りで再発が来た・来ない」ということを、すべて受胎性の問題と考えていないでしょうか。

**図5-17**を見てください。もし、妊娠鑑定でマイナスが多く見つかる牛群であった場合、それは周りでの再授精ができなかったことを意味し、受胎率を低いと考えるだけでなく、授精牛の周りでの発情発見と再授精実施への積極性を促す働きかけが必要です。そのためには、今の管理の姿を知り、数値化でき

図5-17　正常周期での再授精に挑戦する

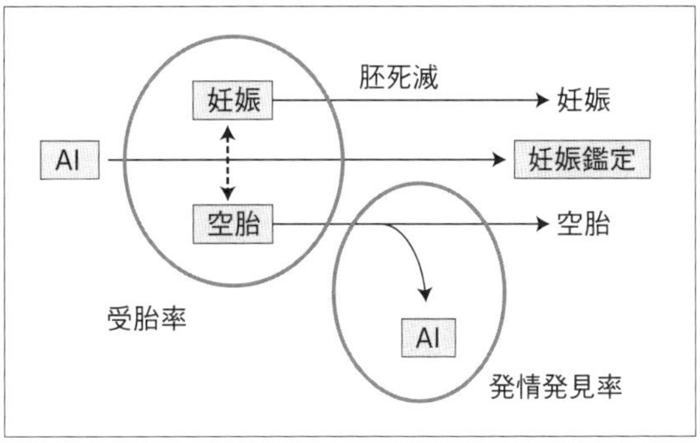

れば、なお説得力が増すでしょう。それには二つの指標、再授精発情発見率（RHDR：Repeat Heat Detection Rate、最近ではReturn Rateとも表現される、Stevenson J., Hoard' s Dairyman, Aug 10, 2015）と、妊娠鑑定プラス割合（PPR：Palpation Pregnancy Rate）を計算すればよいです。その計算式は図5-18のとおりで、毎週または繁殖検診間の2週間の授精の転帰を、妊娠・妊娠鑑定マイナス・再授精の三つに分けて計算すれば誰でも簡単にできます。それを見ると、RHDRとPPRは常に同じような動き方をしていることに気づくはずです。つまり、妊娠鑑定でマイナスが多く見つかる牛群では、RHDRの低さに問題があるというように。図5-19・20・21に、妊娠率が大きく異なる二つの牛

図5-18　授精牛の転帰

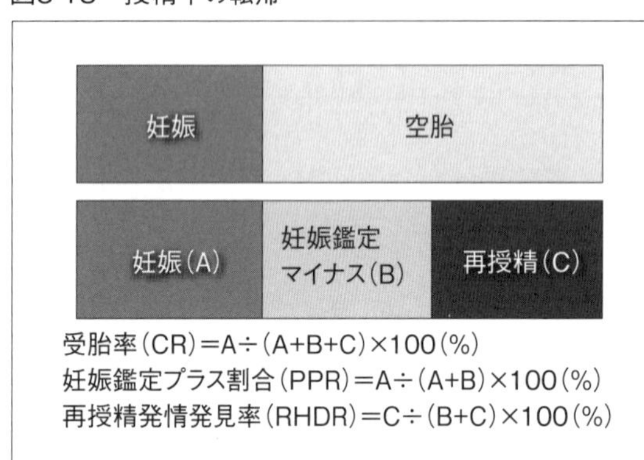


（Stevenson JS）

図5-19　妊娠率が大きく異なる牛群の比較（左23%・右14%）

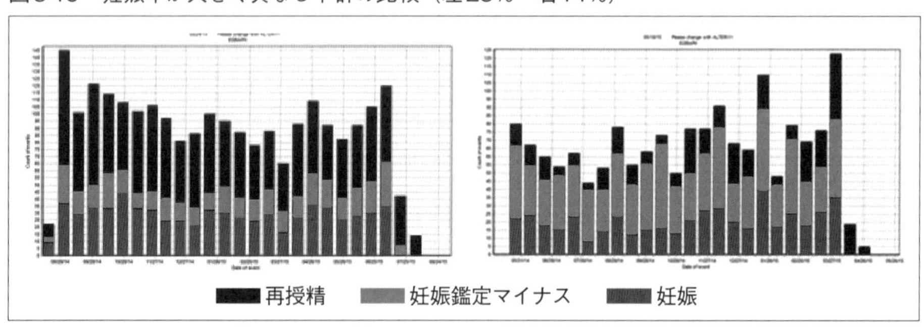


図5-20　妊娠率が大きく異なる牛群の比較：どちらが妊娠鑑定でプラス割合が高いか？

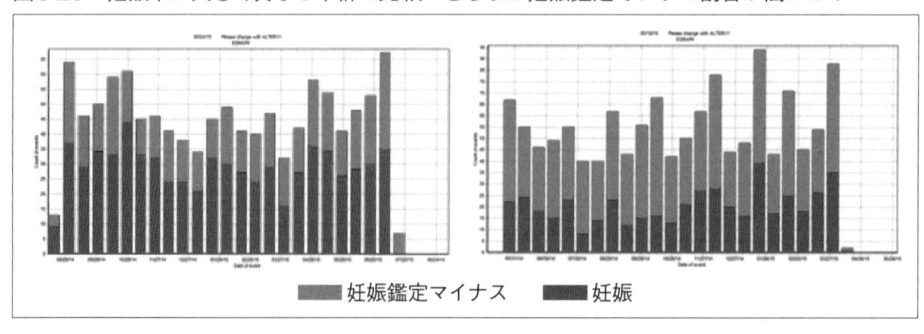

図5-21　妊娠率が大きく異なる牛群の比較：どちらが再発を見つけることが上手か？

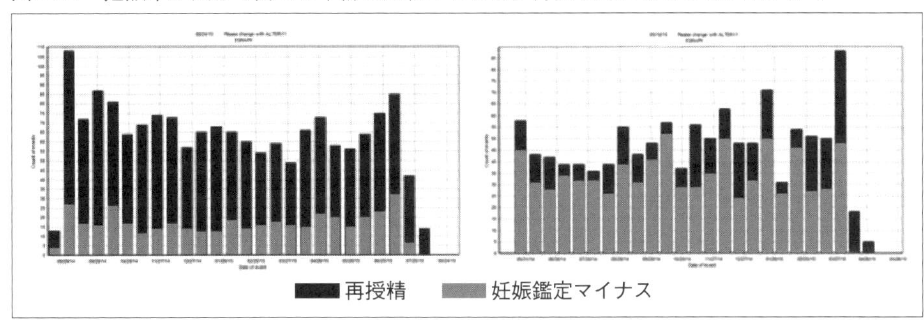


図5-22　妊娠率が大きく異なる牛群の比較（左23%・右14%）

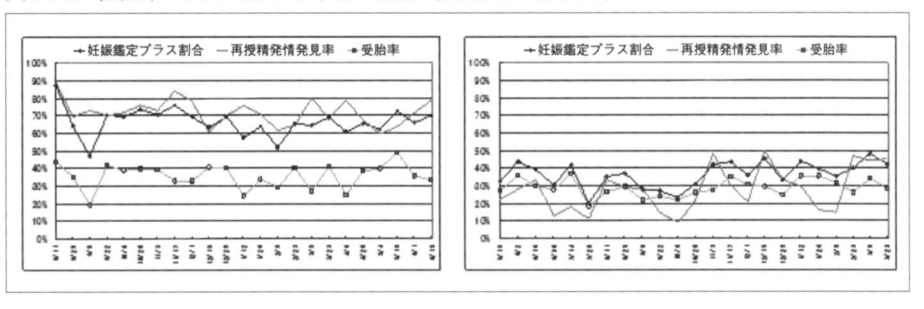


群（妊娠率は左23%、右14%）について見てみます。

2週間単位で授精牛を集計し、それを妊娠（■）、妊娠鑑定マイナス（■）、再授精（■）に分けてみました。右のほうが、鑑定をするとマイナスが多いことがわかります。そして同時に、左の牛群は空胎牛に対して再授精が非常に良くできているのに対し、右はそれがとても苦手で、妊娠率のボトルネックになっていることがわかるでしょう。それらの動きをグラフにすると**図5-22**のようになります。受胎率は、両牛群ともに差はないにもかかわらず、妊娠率では10%も差が出てしまっています。再授精での発情発見率が、妊娠率のボトルネックになっていないでしょうか？

## 5）分娩後150日以上経過した空胎牛割合

この割合は10%以下を目標とします。しかし、高泌乳で繁殖中止の決断が早い牛群では、この割合は比較的高くなります。なぜなら、そういった牛は、分娩後日数が経過してもなかなか乳量が下がらず、牛群に残り続け、この割合を押し上げるからです。それでも、この割合を常にモニターすることは重要です。

### 6）授精間隔の分析

2回目以降の授精について、直前の授精との間隔を図5-23のように六つのカテゴリーで集計し、それぞれの受胎率と構成比をモニターします。受胎率よりも構成比をまず重視し、18～24日のカテゴリーに入る正常周期での再授精割合を確認します。少なくても30％以上、できれば35～40％以上になれば素晴らしい発情発見の“パワー”があるといえます。

また、それぞれのカテゴリーでの受胎率も確認し、正常周期での再授精の受胎率が最も高くなっているかを確認することも重要なポイントとなります。そうした受胎率の数値は、発情発見の“正確性”を評価することにも使えます。高ければ、より正確な発情発見であり、低ければ、反対の意味と考え、繁殖管理の仕組みを議論することができるのです。それぞれのカテゴリーの見方と目標についてのガイドラインがあります（表5-2）。これらと現実の姿を対比し

図5-23　直前授精からの日数別の受胎率と構成比を見る

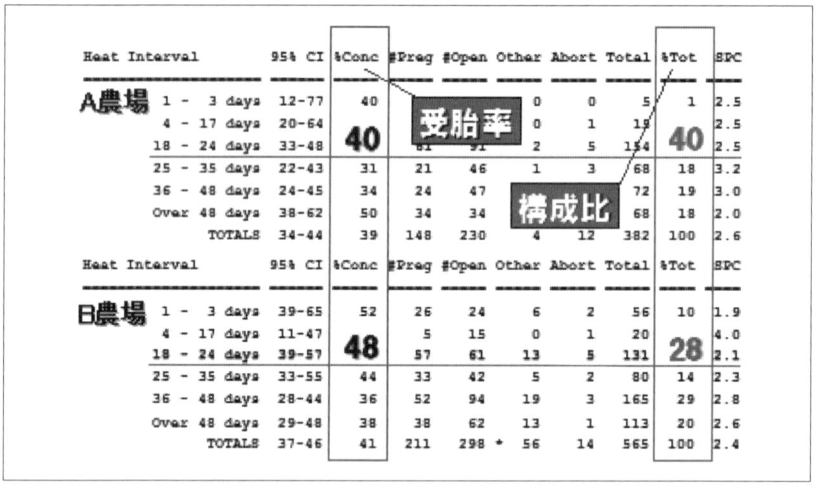

| | Heat Interval | 95% CI | %Conc | #Preg | #Open | Other | Abort | Total | %Tot | SPC |
|---|---|---|---|---|---|---|---|---|---|---|
| A農場 | 1 - 3 days | 12-77 | 40 | [illegible] | [illegible] | 0 | 0 | 5 | 1 | 2.5 |
| | 4 - 17 days | 20-64 | [illegible] | [illegible] | [illegible] | 0 | 1 | 19 | [illegible] | 2.5 |
| | 18 - 24 days | 33-48 | 40 | 61 | [illegible] | 2 | 5 | 154 | 40 | 2.5 |
| | 25 - 35 days | 22-43 | 31 | 21 | 46 | 1 | 3 | 68 | 18 | 3.2 |
| | 36 - 48 days | 24-45 | 34 | 24 | 47 | [illegible] | [illegible] | 72 | 19 | 3.0 |
| | Over 48 days | 38-62 | 50 | 34 | 34 | [illegible] | [illegible] | 68 | 18 | 2.0 |
| | TOTALS | 34-44 | 39 | 148 | 230 | 4 | 12 | 382 | 100 | 2.6 |

| | Heat Interval | 95% CI | %Conc | #Preg | #Open | Other | Abort | Total | %Tot | SPC |
|---|---|---|---|---|---|---|---|---|---|---|
| B農場 | 1 - 3 days | 39-65 | 52 | 26 | 24 | 6 | 2 | 56 | 10 | 1.9 |
| | 4 - 17 days | 11-47 | [illegible] | 5 | 15 | 0 | 1 | 20 | [illegible] | 4.0 |
| | 18 - 24 days | 39-57 | 48 | 57 | 61 | 13 | 5 | 131 | 28 | 2.1 |
| | 25 - 35 days | 33-55 | 44 | 33 | 42 | 5 | 2 | 80 | 14 | 2.3 |
| | 36 - 48 days | 28-44 | 36 | 52 | 94 | 19 | 3 | 165 | 29 | 2.8 |
| | Over 48 days | 29-48 | 38 | 38 | 62 | 13 | 1 | 113 | 20 | 2.6 |
| | TOTALS | 37-46 | 41 | 211 | 298 * | 56 | 14 | 565 | 100 | 2.4 |

受胎率
構成比

表5-2　直前授精からの日数別での授精構成比の目標と解釈

| カテゴリー | 目標 | 解釈 |
|---|---|---|
| 1～ 3日 | ＜ 5％ | 発情発見の正確性 |
| 4～17日 | ＜10％ | 発情発見の正確性 |
| 18～24日 | ＞40％ | 正常周期、最も望ましい再授精の間隔 |
| 25～35日 | ＜15％ | 後期胚死滅、発情発見の正確性 |
| 36～48日 | ＜15％ | 2回目の正常周期、最初の周りでの見逃し |
| 48日を越える | ＜10％ | 発情発見の問題、無排卵状態の発生(卵巣の疾病)、後期胚死滅または流産 |

たり、または過去と現在を比較しながら発情発見を評価・分析したりして、今後の繁殖管理の改善策を提案することに役立てます。

### 7）受胎率

受胎率の計算方法には、いくつかあります。例えば、受胎した牛の平均授精回数の逆数を用いる方法、具体例としては、受胎牛の平均授精回数が2.5回だとすれば、1÷2.5×100＝40％となります。では、まだ妊娠が確認できていない授精牛（授精中で結果がわからない牛と、授精はしているが空胎とわかっている牛）はどう取り扱われているのでしょうか？

筆者らが使う受胎率の計算方法は単純で、以下の式で算出します。

（妊娠した授精）÷〔（妊娠した授精）＋（空胎になった授精）×100〕

この方法を使えば、先に述べた妊娠が確認できていない授精牛のデータも含まれてきます。受胎率という一般的に使われる数字自体にも、その計算方法を確認する必要があります。場合によっては、ノンリターン法で妊娠を仮定したものもありますから。

### 8）流産率

流産とは、授精後42～240日までに妊娠を失うことと定義されています。最近は、エコーの普及によって授精後42日以前に妊娠を確定することも珍しくなくなり、流産率を計算する際には、そうした早期に確認された妊娠も集計されてきます（過大評価）。また、流産がいつ起こったかを知ることもできず、かつ、すべての妊娠を授精後240日間追跡して計算することでは長いタイムラグが生じてしまうため、筆者は簡単な方法として、次のような計算方法でもよいと考えています。

**表5-3**は、授精回数別の受胎率を示したもので、そのなかで各回数別に妊娠頭数と把握している流産頭数を集計し、そこから「**流産総数÷妊娠総数×100**」で計算します。例では、31÷374×100＝8.3％となります。ただし、この農場では、授精後30日～妊娠の確定診断していることと、すべての妊娠牛を授精から260日間追ったわけではないということを考慮してみる必要があります。

表5-3　授精回数別の受胎率

| 授精回数別 | 受胎率 | 妊娠頭数 | 空胎頭数 | 他 | 流産頭数 | 合計 | 比率 | 受胎に要した授精回 |
|---|---|---|---|---|---|---|---|---|
| 1 | 45 | 172 | 211 | 26 | 15 | 409 | 43 | 2.2 |
| 2 | 43 | 88 | 119 | 19 | 5 | 226 | 24 | 2.4 |
| 3 | 45 | 57 | 69 | 8 | 3 | 134 | 14 | 2.2 |
| 4 | 26 | 18 | 51 | 2 | 4 | 71 | 7 | 3.8 |
| 5 | 27 | 13 | 35 | 4 | 0 | 52 | 5 | 3.7 |
| 6 | 34 | 10 | 19 | 2 | 1 | 31 | 3 | 2.9 |
| 7 | 59 | 10 | 7 | 1 | 1 | 18 | 2 | 1.7 |
| 8 | 60 | 3 | 2 | 0 | 0 | 5 | 1 | 1.7 |
| 9以上 | 38 | 3 | 5 | 0 | 2 | 8 | 1 | 2.7 |
| 全体 | 42 | 374 | 518 | 62 | 31 | 954 | 100 | 2.4 |

過去に筆者らは、流産と関連する要因を検索したことがありましたが、その際に、流産と関係が強かった要因は、双子妊娠であるか否かと、妊娠後の蹄病と乳房炎の発生でした。妊娠率が高くても、流産してしまうと分娩につながりません。繁殖担当にとって最も辛いイベントです。

## 3 初回授精の開始の重要性

### 1）初回授精はいつから開始すべきか

初回授精の開始は、いつにすべきか？ しかし、この質問の前に、いつ受胎できれば最も経済的有利であるかを考える必要があります。これには、初妊価格（育成費用）や淘汰牛の肉相場、乳価、飼料費、授精料金などの条件を仮定したモデルを考えなければならず、De Vriesによって以下のような報告がなされています。

**図5-24**は産次による比較で、最適な空胎日数を、初産牛で105日、63日そして56日としています。その数字は条件によって変わりますからあまり重要ではなく、この図からわかることは、①早期に受胎することは経済的有利ではない、②経産牛のほうが初産牛よりも遅れて受胎した場合の損害はより大きい、という点です。

また、**図5-25**は、初産牛のなかで泌乳性が平均な牛と、より高い泌乳性、低い泌乳性に分けて図式化したものです。やはり、乳量の低い牛ほど早く受胎させなければならない、ということがわかります。

では初回授精の開始は、いつすべきか？ 最終的な成果は妊娠であり、その経済性については先に述べました。仮に空胎日数105日を、発情発見率50％と受胎率40％で得ることとします。受胎率が40％ということは、平均で2.5回の授精が必要であることを指し、その授精回数を実現するには5回の発情回帰によって達成できます（発情発見率50％とは、2回の発情をもって1回の授精を実現できる）。目標とする空胎日数から4サイクルさかのぼると、分娩後21日目から初回授精を開始しなければならないことになります（図5-26）。ここからわかるように、初回授精の開始は、その農場の発情発見率や受胎率の影響を強く受け、初回授精の開始を固定すればどのような空胎日数になるのかも上記の考え方から決まってくるわけです。

図5-24　初回授精開始日による経済的損失

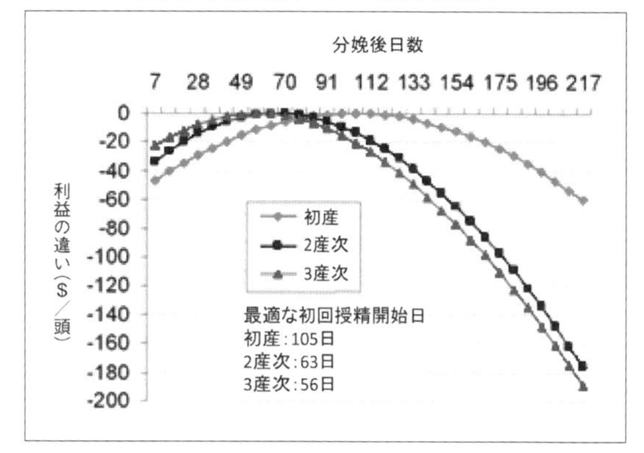


図5-25　初回授精開始日による経済的損失（初産の場合）

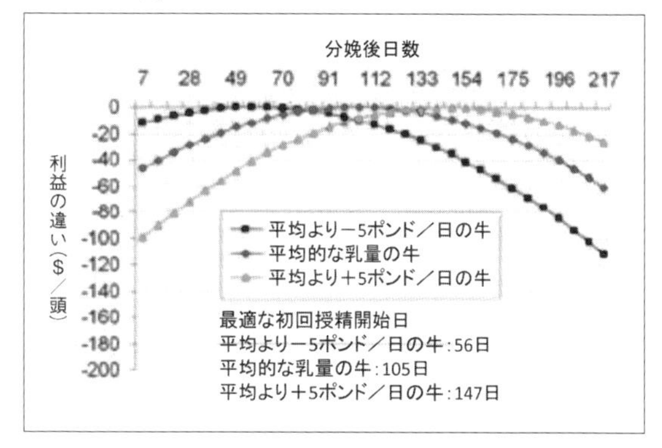


図5-26　空胎日数105日、発情発見率50%、受胎率40%の場合

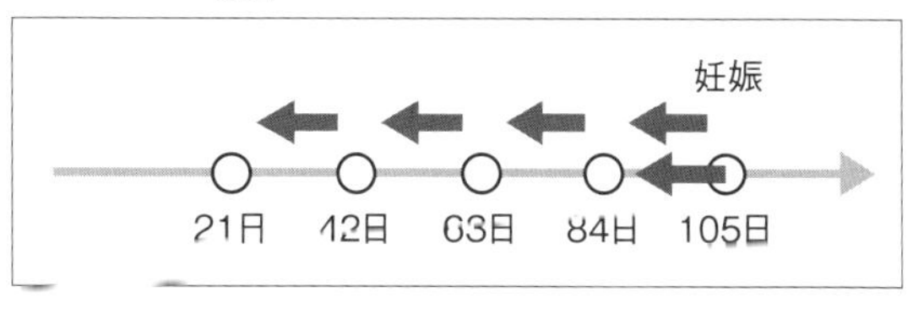


また、牛の子宮回復をその細菌感染の有無から見てみると、図5-27のようになっています（Sheldon IM ら、2008）。分娩後60日間での子宮内から細菌が検出された牛の割合を四つの研究（◆）で示しています。また、分娩後40～60日においては50％の牛から子宮内または内膜に白血球が存在し、炎症が起こって

図5-27　分娩後日数と細菌感染率

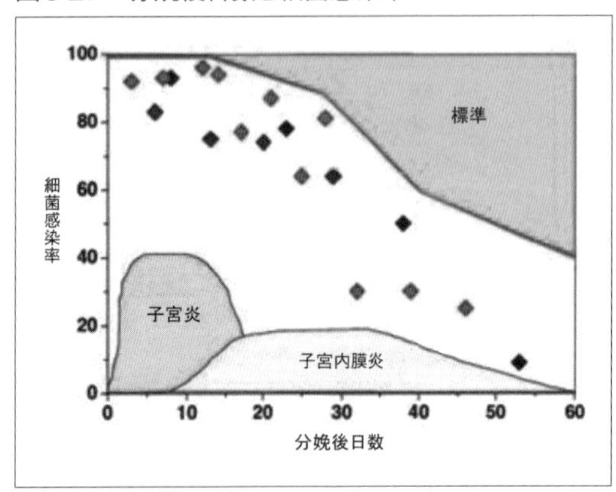


いることも証明されました。こうした正常な子宮回復の姿に対し、より積極的な介入を行ない、初回授精を分娩後50日過ぎに開始することは、繁殖管理の大きなチャレンジです。その結果は、**表5-4**のように、VWP後のサイクルごとの受胎率としてモニターすることもできます。

表5-4　発情サイクルごとの受胎率

| Breeding Cycle | 受胎率 | 妊娠頭数 | 空胎頭数 | 他 | 流産頭数 | 合計 | 比率 | 受胎に要した授精回 |
|---|---|---|---|---|---|---|---|---|
| 1- 49 days | 21 | 5 | 19 | 1 | 1 | 25 | 1 | 4.8 |
| 50- 69 days | 35 | 167 | 307 | 13 | 10 | 487 | 21 | 2.8 |
| 70- 89 days | 34 | 204 | 398 | 30 | 16 | 632 | 27 | 3 |
| 90-109 days | 42 | 117 | 161 | 7 | 10 | 285 | 12 | 2.4 |
| 110-129 days | 36 | 90 | 163 | 17 | 10 | 270 | 12 | 2.8 |
| 130-149 days | 40 | 58 | 87 | 12 | 6 | 157 | 7 | 2.5 |
| 150-169 days | 38 | 47 | 76 | 11 | 4 | 134 | 6 | 2.6 |
| 170-189 days | 34 | 25 | 49 | 7 | 6 | 81 | 4 | 3 |
| 190-209 days | 37 | 22 | 38 | 6 | 4 | 66 | 3 | 2.7 |
| >210days | 41 | 66 | 94 | 15 | 6 | 175 | 8 | 2.7 |
| TOTALS | 37 | 801 | 1392 | 119 | 73 | 2312 | 100 | 2.7 |

## 2）フレッシュチェックの目的

分娩後21～34日の間に直腸検査を行ない、卵巣・子宮の所見をとる検診項目を「フレッシュチェック」と呼びます。これは生殖器の異常を早期に発見し、PGなど治療処置を行なうことを目的にしていると思われているかもしれません。しかし、この検診の真の目的は、検診前までの牛の状態を生殖器の所見から間接的に評価し、移行期管理の情報にすることであると考えています。例えば、子宮回復が悪い牛が多い、または卵巣に黄体を確認できる牛がまったくいない。こういった悪い結果は、移行期管理への介入の必要性を指しています。何をするべきかは、農場によって違います。フレッシュチェックを行なうことを目的にせず、そのデータから牛群管理を考えることが大事です。

### 3）初回授精の開始の積極性

まずはVWPの設定を行ない、それを基準にして初回授精の開始の姿を見ます。

図5-28の農場では、破線以降の分娩牛（横軸は分娩日を指す）に対し、初回授精開始のルール作りを実施しました。一つ目は、VWPを50日に設定してそれを守ること。そして分娩後34日目と48日目にPGを打ち、子宮回復を促しながら発情を誘起して発情を見つけやすくすること。最後に、二度目のPGを打っても授精できない牛に対し、オブシンクを用いて初回授精を開始するということです（図5-29）。これにより初回授精の開始が遅れることがなくなり、分娩後50～80日までに初回授精ができた牛が全体の96%まで高めることができました（図5-30）。

また、初回授精の受胎率についてもモニターが必要です。図5-31は、授精回数を横軸、授精方法別を縦軸にして集計したもので、Percentの数値が受胎率になります。授精回数が1の列を見ると、プレシンクの2回目PG（PrePGと

図5-28　破線以降の牛に初回授精開始ルールを実施

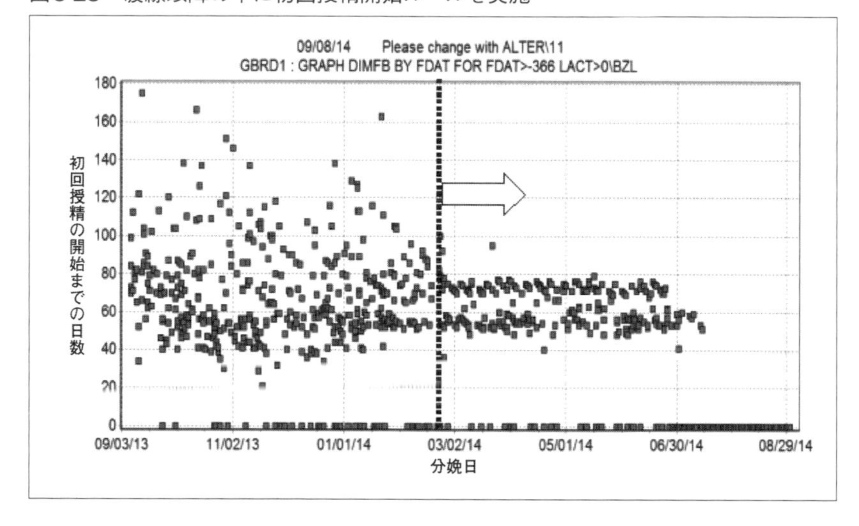


図5-29　二度目のPGを打っても授精できない牛にオブシンク

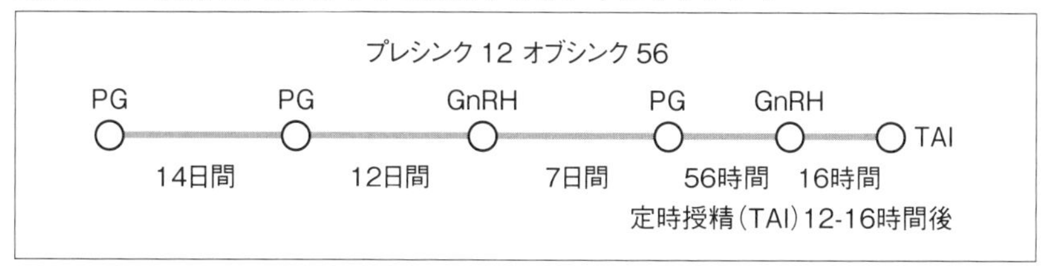

図5-30　分娩後50～80日までに初回授精できた牛が96％に

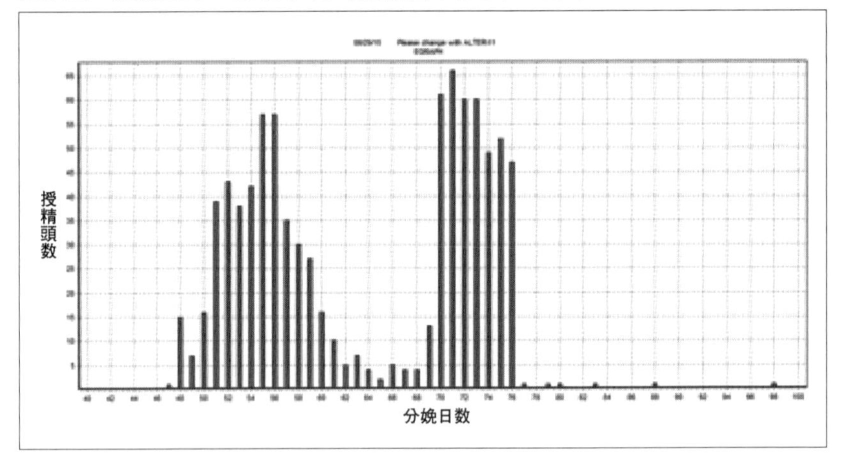


図5-31　授精回数別の受胎率

| 95% CI | Total | 1 | 2 | 3 | 4 | 5 | 6 |
|---|---|---|---|---|---|---|---|
| Percent | | | | | | | |
| PrePG | 37 | 37 | | | | | |
| Resvnch | 31 | | 31 | 39 | | | |
| Ovsvnch | 29 | 29 | | | | | |
| Estrous | 40 | 28 | 42 | 43 | 40 | 37 | 38 |
| CIDRsvnch | | | | | | | |
| PG | | | | | | | |
| OTHERS | | | | | | | |
| TOTALS | 37 | 33 | 39 | 43 | 37 | 35 | 38 |
| Count | | | | | | | |
| PrePG | 432 | 428 | 3 | 1 | | | |
| Resvnch | 265 | | 141 | 67 | 31 | 12 | 9 |
| Ovsvnch | 366 | 362 | 2 | | | 1 | |
| Estrous | 1071 | 60 | 387 | 261 | 158 | 93 | 53 |
| CIDRsvnch | 46 | 3 | 10 | 10 | 7 | 7 | 2 |
| PG | 8 | 3 | 2 | 2 | | | |
| OTHERS | 1 | 1 | | | | | |
| TOTALS | 2189 | 857 | 545 | 341 | 196 | 113 | 64 |
| Preanant | | | | | | | |
| PrePG | 160 | 158 | 1 | 1 | | | |
| Resvnch | 83 | | 44 | 26 | 7 | 3 | 3 |
| Ovsvnch | 106 | 104 | 1 | | | 1 | |
| Estrous | 430 | 17 | 162 | 113 | 63 | 34 | 20 |
| CIDRsvnch | 18 | 2 | 3 | 5 | 3 | 2 | 1 |
| PG | 4 | 1 | 2 | 1 | | | |
| OTHERS | | | | | | | |
| TOTALS | 801 | 282 | 213 | 146 | 73 | 40 | 24 |

記載）による授精の受胎率は37％、オブシンク（Ovsynch）が29％、自然発情（Estrous）によるものが28％となっています（全体では33％）。また、それぞれの構成比はプレシンクから順に50％、42％、7％となっています。この農場では、授精牛への再発情の監視がしっかりできており、2回目以降の授精において自然発情（Estrous）の頭数が最も多いことからも明らかです。初回授精への積極性と再授精発情発見率の高さがこの農場の繁殖管理の強みで、安定して妊娠率24％を残せる素晴らしい自慢の牛群の一つです。

# 第6章 繁殖検診とモニターの役割

繁殖管理をするうえで最も重要な原理原則（Fundamental Principle of Reproductive Biology）は、「その牛が妊娠か・非妊娠か」ということであると前述しました。その最も際立った状態が、分娩後のVWP（自発的待機期間）と、それを過ぎて初回種付けを終えるまでの期間です。この期間は酪農家であれ、授精師であれ、獣医師であれ、その牛が妊娠していないことを完璧に把握できている期間なのです。繁殖管理のうえで、これほど明確で大きなチャンスは、その乳期のなかで二度と訪れません。獣医師の役割に、早期妊娠診断という重要な技術がありますが、この技術をどれほど最高に駆使しても、この期間のように長く明白な時間は再現できません。

そして、もう一つ重要な原理原則があります。それは、「一度種付けした牛の50%、あるいはそれ以上の牛が妊娠していない」ということです。世界的に平均授精回数が2回を超える（平均受胎率50%以下）ということが、それを証明しています。この判断を助けるのが獣医師による繁殖検診であり、重要な役割となります。

##  自発的待機期間（VWP）と初回授精の最大許容搾乳日数の決定

よく聞かれる質問は、「VWPをどう決定するか？」ということです。しかし

ながら実際には、このことを厳密に決める意味は、あまりないように思えます。40日と決めていても、38日目に極めて良い発情が来て、それを種付けしない理由を明確にすることは困難です。ただし、私の担当する農場の多くでは40日以前の妊娠率は0～10%程度ですので、40日以前を積極的に勧める理由は見当たりません。むしろ、より重要なことは、「その農場で、分娩後、何日まで授精なしを容認できるか」ということです。

**図6-1**を見てください。この農場では、相当早い時期に種付けをしているものも見られますが、より大きな問題として、搾乳日数90～100日以後に初回種付けがある割合が非常に多いということがわかります。**図6-2**の農場と比較すると、よくわかると思います。このように初回授精開始日のモニターは、その平均日数よりも、その配分を見ることがより重要になります。

多くの場合、初回授精の搾乳日数（DIM）70～80日を一つの区切りとして考えます。例えば、DIM75日以上を例にとってみましょう。毎週1回、DIM75日以上経過しても種付けゼロの牛をリストアップすると、最大DIM81日までの種付けなしの牛がリストアップされます。これらの牛に、例えば、定時授精をすると、最大DIM84～90日で初回種付けが行なわれ、100日以上で初回種付けをする牛は理論上ゼロになることになります。

このように、VWPの決定よりも、初回授精の最大許容日数を確認して、そ

図6-1　ある農場の授精開始日のモニター　その1

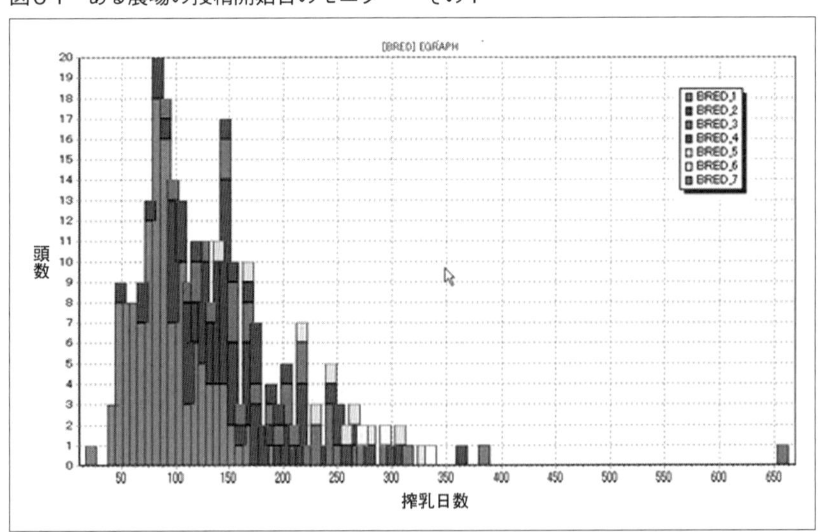

図6-2　ある農場の授精開始日のモニター　その2

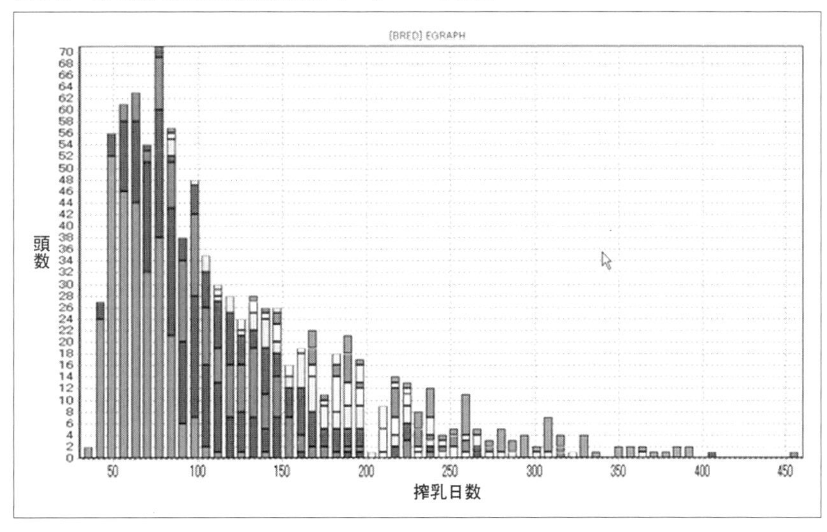


れに向けてアクションを起こすことが直接的に重要なこととなります。定時授精は、その意味で大きな意味の持つプログラムとなります。

## 2 再授精 (Second Insemination) の重要性とそのモニター

前述したように、一般に受胎率が50%を割ってくる現状では、再授精の重要性が増しています。定時授精あるいは発情発見による授精にかかわらず、「非受胎牛への早期再授精をどうするか？」が大きな議論になっていますし、この再授精をどれだけ正確かつ速やかに行なえるかが、繁殖パフォーマンスを上げるうえで大きなポイントになります。これらを見るためのモニターは難しい面がありますが、以下のようなものがあります。

### 1）平均発情（授精）間隔（Heat Interval）

A農場（図6-3）とB農場（図6-4）は、農場の発情間隔（Interval）をモニターしています。両者には、そのインターバルに大きな違いが見られます。A農場では4～24日間隔までの再発情（発見）・授精が50%を超えている（7＋44＝

図6-3　A農場の発情間隔（Interval）のモニター

| Heat Interval | %Conc | #Preg | #Open | Other | Abort | Total | %Tot | SPC |
|---|---|---|---|---|---|---|---|---|
| TOTALS | 39 | 68 | 108 | 12 | 5 | 188 | 100 | 2.6 |
| 1 - 3 days | 28 | 5 | 13 | 1 | 0 | 19 | 10 | 3.6 |
| 4 - 17 days | 18 | 2 | 9 | 3 | 0 | 14 | 7 | 5.5 |
| 18 - 24 days | 46 | 37 | 43 | 3 | 3 | 83 | 44 | 2.2 |
| 25 - 35 days | 42 | 8 | 11 | 1 | 1 | 20 | 11 | 2.4 |
| 36 - 48 days | 35 | 9 | 17 | 3 | 0 | 29 | 15 | 2.9 |
| Over 48 days | 32 | 7 | 15 | 1 | 1 | 23 | 12 | 3.1 |
| TOTALS | 39 | 68 | 108 | 12 | 5 | 188 | 100 | 2.6 |

※左側よりHeat Interval：発情間隔、%Conc：受胎率、#Preg：妊娠頭数、#Open：空胎（非受胎）頭数、Other：その他、Abort：流産、Total：総数、%Tot：総割合、SPC：種付け回数

図6-4　B農場の発情間隔（Interval）のモニター

| Heat Interval | %Conc | #Preg | #Open | Other | Abort | Total | %Tot | SPC |
|---|---|---|---|---|---|---|---|---|
| TOTALS | 46 | 56 | 65 | 5 | 3 | 126 | 100 | 2.2 |
| 4 - 17 days | 40 | 2 | 3 | 0 | 0 | 5 | 4 | 2.5 |
| 18 - 24 days | 40 | 14 | 21 | 0 | 0 | 35 | 28 | 2.5 |
| 25 - 35 days | 36 | 4 | 7 | 2 | 0 | 13 | 10 | 2.8 |
| 36 - 48 days | 57 | 13 | 10 | 2 | 1 | 25 | 20 | 1.8 |
| Over 48 days | 49 | 23 | 24 | 1 | 2 | 48 | 38 | 2.0 |
| TOTALS | 46 | 56 | 65 | 5 | 3 | 126 | 100 | 2.2 |

※見方は図6-3と同様

51%）のに対して、B農場ではその割合が32%（4＋28%）でしかありません。逆に、36日間隔以上がA農場では27%であるのに対して、B農場では58%にも達しています。さまざまな要因が考えられますが、再発情を見つけることができていないことが大きな要因として考えられます。

このB農場を**図6-5**で、もう少し詳しく見てみましょう。これは発情間隔などを産次別にとらえています。全体に長いことは明確ですが、高い産次でより長くなっているのがわかります。結果として、3産以上（LGRP 3）群の平均空胎日数がより長くなっています。平均種付け回数が1.9という良い数字があるにも

図6-5　B農場の産次別の発情間隔（Interval）のモニター

| By LGRP | %COW | #COW | Av HINT | Av DOPN | Av TBRD |
|---|---|---|---|---|---|
| 1 | 26 | 26 | 38.5 | 129 | 1.8 |
| 2 | 42 | 42 | 51.6 | 133 | 1.7 |
| 3 | 33 | 33 | 54.5 | 155 | 2.0 |
| ========= | ==== | ==== | ======= | ======= | ======= |
| Total | 100 | 101 | 49.5 | 139 | 1.9 |

※左側よりLGRP:産次数別、%Cow:全体に占める割合、#COW：頭数、Av HINT：平均発情間隔、Av DOPN：平均空胎日数、Av TBRD：平均種付け回数。同じB農場のデータで受胎率・平均種付け回数・平均発情間隔に若干の差があるのは、データを取り出した日時の違いによります

かかわらず、農場の繁殖パフォーマンスが低調な理由の一端がここにあります。こうした数字を示すことによって、その農場で行なうべき次のステップが検討されますし、その動機づけとなっていきます。

図6-6　A農場の産次別の発情間隔（Interval）のモニター

| By LGRP | %CO▼ | #CO▼ | Av HINT | Av DOPN | Av TBRD |
|---|---|---|---|---|---|
| 1 | 24 | 45 | 38.7 | 106 | 2.0 |
| 2 | 29 | 53 | 29.3 | 116 | 2.3 |
| 3 | 47 | 86 | 31.1 | 124 | 2.4 |
| ========= | ==== | ==== | ====== | ======= | ======= |
| Total | 100 | 184 | 32.2 | 117 | 2.3 |

※見方は図6-5と同様

同じように、発情インターバルの良好なA農場を見てみましょう（図6-6）。受胎率は明らかにB農場に劣りますが、各産次別の発情間隔はより短縮して、その平均空胎日数に明らかな差が出ています。ただし、この農場では、経産牛群に比べて初産群の発情インターバルが長くなっていることから、その理由を見つけることで、農場全体の繁殖パフォーマンスをさらに高めることができる可能性を示しています。

話は少しずれますが、C農場の発情インターバルを見てみましょう（図6-7）。1～3日以内での再授精が非常に多いのが目に付きます。その授精適期の判断に苦労していることがうかがえます。牛群の発情の弱さや持続時間などの問題なのか、発見者の技量の問題なのかなど、実際の状況をよく見極めた判断が必要になるでしょう。慢性的にこの数字が高い農場では、発情の判断などに問題のあることが多いように思えます。また、急にこの数字が上がってくるときには、飼料の問題などが出ていないか注意が必要です。

図6-7　C農場の発情間隔（Interval）のモニター

| Heat Interval | %Conc | #Preg | #Open | Other | Abort | Total | %Tot | SPC |
|---|---|---|---|---|---|---|---|---|
| TOTALS | 34 | 192 | 379 | 140 | 9 | 711 | 100 | 3.0 |
| 1 - 3 days | 31 | 46 | 104 | 20 | 3 | 170 | 24 | 3.3 |
| 4 - 17 days | 7 | 3 | 43 | 16 | 0 | 62 | 9 | 15.3 |
| 18 - 24 days | 38 | 60 | 98 | 40 | 2 | 198 | 28 | 2.6 |
| 25 - 35 days | 40 | 21 | 31 | 13 | 0 | 65 | 9 | 2.5 |
| 36 - 48 days | 28 | 22 | 58 | 25 | 1 | 105 | 15 | 3.6 |
| Over 48 days | 47 | 40 | 45 | 26 | 3 | 111 | 16 | 2.1 |
| TOTALS | 34 | 192 | 379 | 140 | 9 | 711 | 100 | 3.0 |

※見方は図6-3と同様

## 2）妊娠診断時の妊娠牛の割合

月々のモニターでは、「妊娠鑑定時にどのくらいの割合で妊娠していたか？

図6-8　妊娠鑑定時の妊娠牛割合のモニター

| # Parameter | 0204 | 0308 | 0412 | 0513 | 0611 | 0717 | 0819 | 1011 | 1117 | 1223 | 0131 | Goal |
|---|---|---|---|---|---|---|---|---|---|---|---|---|
| 1 REPRODUCTION | ----- | ----- | ----- | ----- | ----- | ----- | ----- | ----- | ----- | ----- | ----- | ----- |
| 2 % Preg in Herd | 61 | 60 | 61 | 60 | 60 | 53 | 54 | 58 | 61 | 59 | 59 | 50 |
| 3 # Preg on VETC | 18 | 13 | 24 | 10 | 17 | 8 | 15 | 29 | 21 | 15 | 13 | 15 |
| 4 % Preg on VETC | 82 | 68 | 96 | 67 | 81 | 47 | 79 | 81 | 84 | 75 | 50 | 75 |
| 5 % Open DIM>150 | 7 | 8 | 6 | 7 | 4 | 5 | 5 | 7 | 4 | 6 | 7 | 10 |
| 6 Avg. DDRY | 55 | 53 | 54 | 54 | 53 | 55 | 54 | 54 | 55 | 56 | 55 | 60 |

※左側から#Parameter：パラメーター（変数）、0204：2月4日、0308：3月8日…、Goal：目標、1 Reproduction：繁殖パラメーター、2 % Preg in Herd：牛群における妊娠牛割合、3 # Preg on VETC：繁殖検診時の妊娠鑑定頭数、4 %Preg on VETC：妊鑑頭数に対する妊娠牛割合、5 % Open DIM>150：搾乳日数150日以上で妊娠が確認されていない牛の牛群における割合、6 Ave.DDRY：平均乾乳日数

（あるいは、どれだけ空胎の牛がいたか？）」をモニターします。これも、再発情をどれだけ見つけていたかの目安になります。

20頭妊娠鑑定して12頭妊娠牛がいたら、8頭は見逃したことになります。これらは当然、発情（授精）インターバルに影響してくることになります。

その比率で80%以上はクリアしたいところです。Parameter 4（**図6-8**）に、それがモニターされています。この農場では、妊娠鑑定時の妊娠の割合が96～47%とばらつきがありますが、全体的には70～75%を超えています。おおよそ合格ではありますが、「もう一息がんばってね！」といったところでしょう。

**図6-9**は、過去70日間に行なった繁殖検診での妊娠プラスとマイナスの比をグラフ化したものです。このグラフが下降線をたどっているということは、検診時にプラスといわれた牛の割合が減っている（マイナスの割合が増える）

図6-9　検診時の妊娠／空胎割合

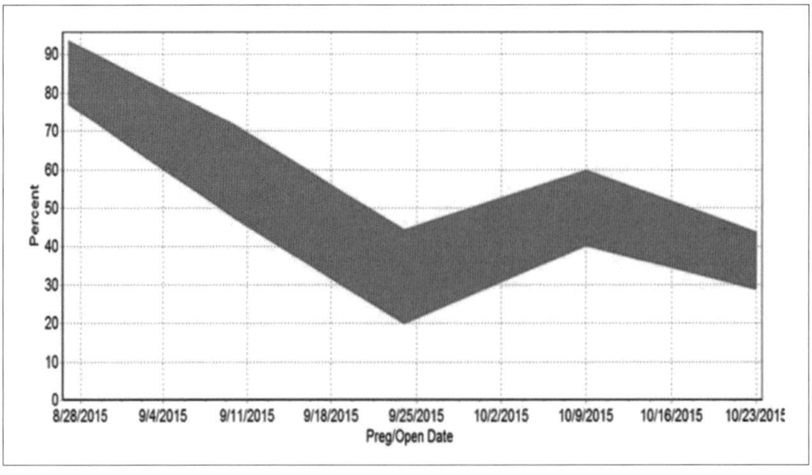

ことを示します。発情の見逃しが多くなっている理由を農家と一緒に考えてみる機会になります。

＊

再授精のためのモニターとマネージメントの重要性が増しています。ここで述べたもの以外に、再授精のために有用なモニターが必要に思いますが、何か良いアイデアをお持ちの方は、ぜひ教えてください。

獣医師が行なう早期妊娠診断と治療は、この再授精を促すための重要な技術となっています。

# 第7章

# 早期妊娠診断

##  再授精（2回目・3回目）の重要性

これまで「VWP（自発的待機期間）後、いかに初回授精を速やかに行なうことが重要であるか」を説明し、そのためのモニターの考え方を述べてきました。そして、次のステップである「その後の授精（2回目）の重要性」に到達したところです。ウィスコンシン州立大学のPaul Frickeは、積極的な繁殖管理には三つの戦略が必要であると述べています。それは、

①VWP（自発的待機期間）を終了後、すべての牛に、すばやく初回授精を行なうようにすること。
②授精後の、非妊娠牛の速やかな確認。
③それら受胎に失敗した牛に、すばやく2回目の種付けをすること。

この「三つの戦略」もしくは「三つの積極性」についてFrickeは、最近は一つ追加して、次のように述べています。それは以下です。

①VWP（自発的待機期間）を終了後、すべての牛に、すばやく初回授精を行なうようにすること。

②初回授精受胎率を上げること。

③授精後の、非妊娠牛の速やかな確認と速やかな再授精。

④再授精の受胎率を高める。

①と③は変化ありませんが、そこに②初回授精と④再授精の受胎率を上げることが追加されています。これは、プレシンクオブシンクとリシンクの受胎率向上を指しています。この点についての解説は、第9章で加筆した、「オブシンク進化(深化)の歴史とアメリカにおける繁殖の急速な改善」を参照ください。

*

世界の繁殖戦略は今、この「2回目以後の授精をいかにスムースに行なうか」(そして、その受胎率をどう向上させるか)に注目が集まっています。本章では、この2回目授精の重要性と、それを実現するための必須アイテムとしての「早期妊娠鑑定」について考えましょう。

前章でも述べたように、VWPを終了し初回授精を行なうことは、ある面、極めて容易な作業となります。すなわち、それらの牛のすべてが空胎であることが明らかなので、どんなホルモン剤を利用しても、あるいは授精を行なってても、流産させてしまう心配がないということです。

しかし、一度授精をしてしまえば、次の2回目の授精は非常に難しい局面に入ってきます。「発情のない牛は、はたして受胎牛なのか単なる無発情牛なのか？」、あるいは「発情らしきものがあっても、はたしてそれは本当の発情なのかどうか？ 種付けをすると流産させてしまいはしないか？」など、状況が複雑化してきます。こうした状況をいち早く脱出するお手伝いをするのが、獣医師による「早期妊娠診断」です。

一般に、初回授精で受胎する確率は50％を割り、とくに高泌乳牛では、それを大きく割り込んでいる現状から、最近の繁殖管理のポイントは、その「初回授精による受胎に失敗した約60％の牛を、いかにすばやく発見し、再授精（授精間隔の短縮）させるか」ということに移行しています。そして、ここからが、繁殖管理における酪農家と獣医師の共同作業としての実際的な技術力が要求されてくるところでもあります。

その一つが、定期的早期妊娠鑑定による「未受胎牛の摘発」です。そしてもう一つは、再授精のための「再同期化戦略（Re-synchronization Strategy）」などです。そして、こうした積極的な授精戦略は、より積極的な早期妊娠鑑定によって、その有効性を発揮し増大させることになります。言葉を変えると、「質の高い早期妊娠診断」こそ、再授精のためのキーワードとなります。

ここでは、この「早期妊娠鑑定」の意味について、もう一度考えてみましょう。

## 2 早期妊娠鑑定

獣医師の妊娠鑑定の目的は、「2回目以降の授精を、より正確かつ速やかに行なうこと」です。繁殖管理の目的は妊娠牛の獲得ですが、その妊娠鑑定の真の目的は、不受胎牛を正確に摘発して次の授精を促進するために行なう、ということです。何度も言いますが、いかなるときも授精が受胎のファーストステップなのです。検診（妊娠鑑定）でマイナスの牛が多いときは酪農家も獣医師も気が重いものですが、不受胎牛を摘発できれば、すでに問題の3分の1くらいは解決していると考えてもよいかもしれません。逆に言えば、そうしたサポートが十分でない繁殖管理は、決して良い結果を生まないといえるでしょう。

### 1）触知による妊娠鑑定

この妊娠鑑定は、直腸からの触知によって32日くらいから行なわれるのが一般的でした。羊膜嚢（胎子を包む膜＝羊膜の袋状のもの）の触知によって判断します。胎膜（尿膜）スリップは早期妊娠診断には利用できません。子宮や胎子に負担をかけずに左右の子宮角のどこかにある羊膜嚢を触知する技術は、一朝一夕には取得できません。子宮はときに強く丸まって収縮し、それを拒みます。これらを丹念に探り当てる快感は、何年やっても新鮮なままです。反対に、いくらやっても見当たらない（マイナスの）ときは、これも何年やっていても気持ちが痛むものです。この早期妊娠鑑定は、繁殖管理において極めて重要な位置を占めることになります。まずはじめに、直腸検査による早期妊娠鑑定の例をあげて考えてみましょう。

ある農場で21頭の牛が、それぞれ発情周期の21日間に均等に分布していると考えます。1頭目は発情後（授精後）20日目（Day 20）の牛、2頭目は授精後19日目（Day 19）の牛で、21頭目が今日授精の牛（Day 0）という具合に存在するとします（**表7-1・2**）。

A獣医師は32日からの羊膜嚢触知による妊娠鑑定をし（**表7-1**）、B獣医師は42日からの胎膜スリップによる妊娠鑑定しかしないとします（**表7-2**）。この農場で2週間後に妊娠鑑定のできる牛は、A獣医師で3頭、B獣医師は0頭となります。さらに2週間後では、A獣医師は残り18頭のうち14頭の妊娠鑑定をすることになり、この時点で合計17頭（80%）が妊娠鑑定を終了することになります。一方のB獣医師は、この時点でも7頭（33.3%）の牛しか妊娠鑑定できないことになります。

この差はあまりにも重大で、農場の繁殖パフォーマンス、すなわち2回目以後の授精頭数や、その間隔に大きな影響を与えることになるでしょう。これが規模の大きい農場で長期間になれば、その影響は計り知れません。実際には、その間に自発的な発情が来たりして、その差が極端に目立たないのが現実です。しかし、その違いはボディブローのように効いてくることになります。

**図7-1**は、大規模な農場での32日からの羊膜嚢触

表7-1

21頭の牛が毎日1頭ずつずれて発情が来たと考えます。No.1の牛は20日前に種付けされ、No.21の牛が今日発情で種付けを終えるとします。32日妊鑑で20週間間隔での検診でも相当数の妊娠鑑定が可能となりますが、それでも20～30%の妊娠鑑定は42日以降のものになります。

| 牛No. | 現在の発情 | 1週後 | 2週後 | 3週後 | 4週後 | 5週後 |
|---|---|---|---|---|---|---|
| 1 | 20日 | 27 | 34 | 41 | 48 | 55 |
| 2 | 19 | 26 | 33 | 40 | 47 | 54 |
| 3 | 18 | 25 | 32 | 39 | 46 | 53 |
| 4 | 17 | 24 | 31 | 38 | 45 | 52 |
| 5 | 16 | 23 | 30 | 37 | 44 | 51 |
| 6 | 15 | 22 | 29 | 36 | 43 | 50 |
| 7 | 14 | 21 | 28 | 35 | 42 | 49 |
| 8 | 13 | 20 | 27 | 34 | 41 | 48 |
| 9 | 12 | 19 | 26 | 33 | 40 | 47 |
| 10 | 11 | 18 | 25 | 32 | 39 | 46 |
| 11 | 10 | 17 | 24 | 31 | 38 | 45 |
| 12 | 9 | 16 | 23 | 30 | 37 | 44 |
| 13 | 8 | 15 | 22 | 29 | 36 | 43 |
| 14 | 7 | 14 | 21 | 28 | 35 | 42 |
| 15 | 6 | 13 | 20 | 27 | 34 | 41 |
| 16 | 5 | 12 | 19 | 26 | 33 | 40 |
| 17 | 4 | 11 | 18 | 25 | 32 | 39 |
| 18 | 3 | 10 | 17 | 24 | 31 | 38 |
| 19 | 2 | 9 | 16 | 23 | 30 | 37 |
| 20 | 1 | 8 | 15 | 22 | 29 | 36 |
| 21 | 0 | 7 | 14 | 21 | 28 | 35 |

32日妊鑑開始

表7-2

42日からの妊娠鑑定による検診図です。今日から4週間たっても33%の牛しか鑑定にかかりません。もちろん、すべて牛が42日以降の周期での妊娠鑑定となり、早期の再授精を行ううえでその効果(価値)は極めて貧弱なものになります。

| 牛No. | 現在の発情 | 1週後 | 2週後 | 3週後 | 4週後 | 5週後 |
|---|---|---|---|---|---|---|
| 1 | 20日 | 27 | 34 | 41 | 48 | 55 |
| 2 | 19 | 26 | 33 | 40 | 47 | 54 |
| 3 | 18 | 25 | 32 | 39 | 46 | 53 |
| 4 | 17 | 24 | 31 | 38 | 45 | 52 |
| 5 | 16 | 23 | 30 | 37 | 44 | 51 |
| 6 | 15 | 22 | 29 | 36 | 43 | 50 |
| 7 | 14 | 21 | 28 | 35 | 42 | 49 |
| 8 | 13 | 20 | 27 | 34 | 41 | 48 |
| 9 | 12 | 19 | 26 | 33 | 40 | 47 |
| 10 | 11 | 18 | 25 | 32 | 39 | 46 |
| 11 | 10 | 17 | 24 | 31 | 38 | 45 |
| 12 | 9 | 16 | 23 | 30 | 37 | 44 |
| 13 | 8 | 15 | 22 | 29 | 36 | 43 |
| 14 | 7 | 14 | 21 | 28 | 35 | 42 |
| 15 | 6 | 13 | 20 | 27 | 34 | 41 |
| 16 | 5 | 12 | 19 | 26 | 33 | 40 |
| 17 | 4 | 11 | 18 | 25 | 32 | 39 |
| 18 | 3 | 10 | 17 | 24 | 31 | 38 |
| 19 | 2 | 9 | 16 | 23 | 30 | 37 |
| 20 | 1 | 8 | 15 | 22 | 29 | 36 |
| 21 | 0 | 7 | 14 | 21 | 28 | 35 |

42日妊鑑開始

知による妊娠診断で、当社(トータルハードマネージメントサービス)Y獣医師と農場の繁殖管理者による、すばらしい仕事ぶりを示しています。それは1回目の種付けだけでなく、その後の2回目・3回目の授精が、すばやくスムースに運ばれていることがわかります。

## 2) 超音波診断

現在、日本をはじめ世界の獣医師が、触知による妊娠診断の代わりに、「超音波診断」による早期妊娠鑑

図7-1

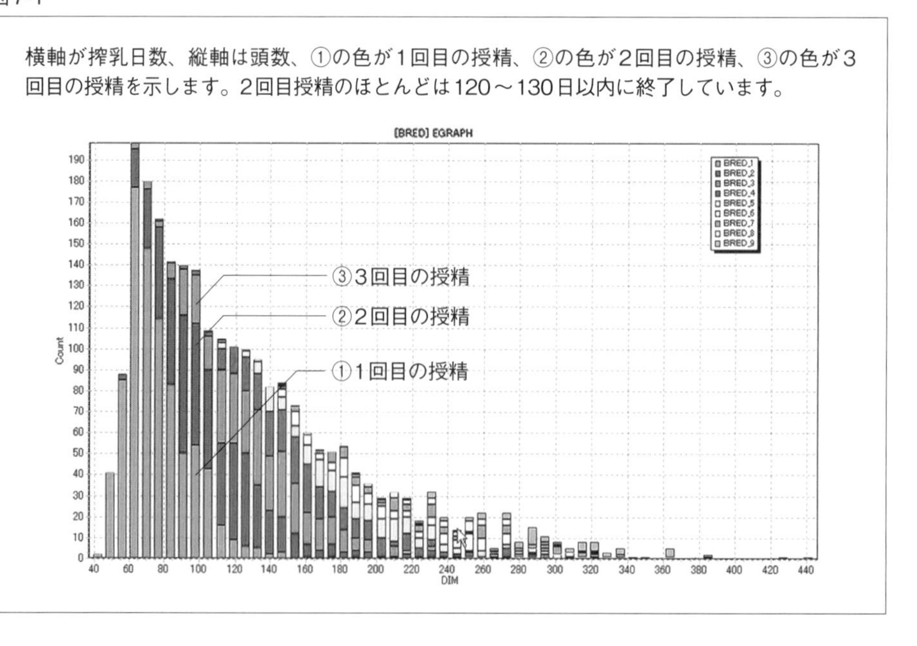


横軸が搾乳日数、縦軸は頭数、①の色が1回目の授精、②の色が2回目の授精、③の色が3回目の授精を示します。2回目授精のほとんどは120～130日以内に終了しています。

定を始めています（**写真7-1**）。診断装置の小型化と低価格化、そして解像度の向上が、その現場普及を急速にしていますし、繁殖管理における、より早期の再授精の必要性や、同期化プログラムなどでの高い卵巣診断精度が酪農家から求められることも、それを促進させています。

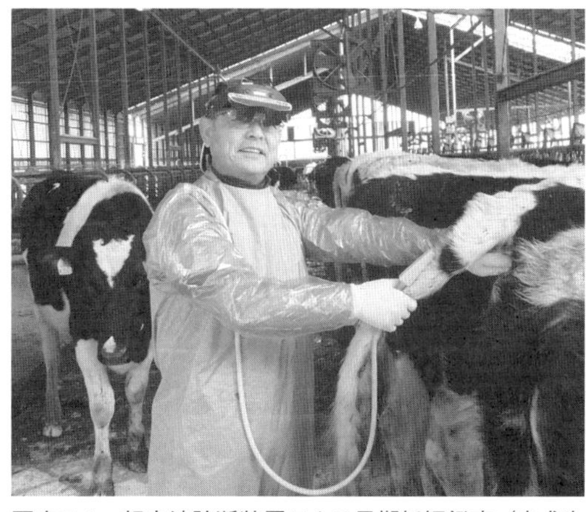

写真7-1　超音波診断装置による早期妊娠鑑定（育成牛の検診）

超音波診断装置による早期妊娠診断は、胎子を確認するためには26日くらいから行なわれます。単純な妊娠の判断だけでなく、胎子の心臓の拍動による生死の確認や片側性の双子、あるいは蓄膿症などの診断を早期に極めて迅速・正確に行なうことができます（**写真7-2・3**）。熟練すれば、胎子の雌雄判断も可能になります。また、その診断精度の高さは、ホルモン剤などもより効率的・的確に利用できるようになります。

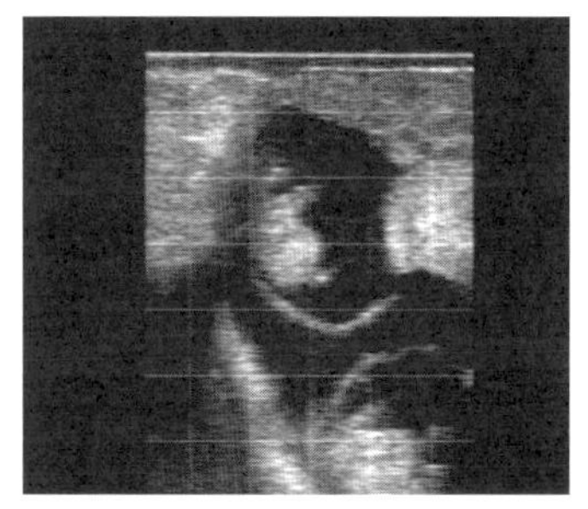

写真7-2　片側性双子

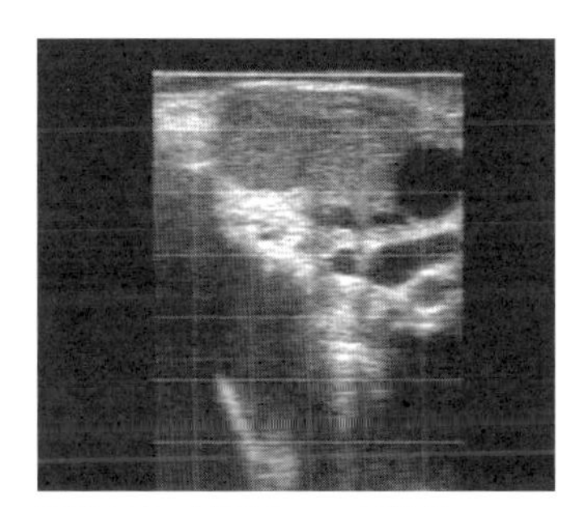

写真7-3　双子の二つの黄体

妊娠鑑定が26～28日で開始することができれば、どんな大きな農場でも、2週間間隔での妊娠鑑定でも42日を越える牛は1頭もいないことになります（**表7-3**）。一方、32日鑑定でも、2週間間隔の検診となると、その20～30%に42日以降の妊娠鑑定が含まれることになります（**表7-1**）。このことが農場に対してどの程度の影響があるか明確にはわかりませんが、発情発見率などに問題のある農場では、より影響が大きくなりますし、大型の農場では、その部分の頭数がより大きくなることから、検診の間隔を短縮することが望まれるようになるでしょう。

表7-3

超音波による26〜28日での妊娠鑑定を行えば、2週間後で9頭の妊鑑が可能になります。また、2週間間隔での検診でも、すべての妊娠鑑定が40日以内に終了することになります。

| 牛No. | 現在の発情 | 1週後 | 2週後 | 3週後 | 4週後 | 5週後 |
|---|---|---|---|---|---|---|
| 1 | 20日 | 27 | 34 | 41 | 48 | 55 |
| 2 | 19 | 26 | 33 | 40 | 47 | 54 |
| 3 | 18 | 25 | 32 | 39 | 46 | 53 |
| 4 | 17 | 24 | 31 | 38 | 45 | 52 |
| 5 | 16 | 23 | 30 | 37 | 44 | 51 |
| 6 | 15 | 22 | 29 | 36 | 43 | 50 |
| 7 | 14 | 21 | 28 | 35 | 42 | 49 |
| 8 | 13 | 20 | 27 | 34 | 41 | 48 |
| 9 | 12 | 19 | 26 | 33 | 40 | 47 |
| 10 | 11 | 18 | 25 | 32 | 39 | 46 |
| 11 | 10 | 17 | 24 | 31 | 38 | 45 |
| 12 | 9 | 16 | 23 | 30 | 37 | 44 |
| 13 | 8 | 15 | 22 | 29 | 36 | 43 |
| 14 | 7 | 14 | 21 | 28 | 35 | 42 |
| 15 | 6 | 13 | 20 | 27 | 34 | 41 |
| 16 | 5 | 12 | 19 | 26 | 33 | 40 |
| 17 | 4 | 11 | 18 | 25 | 32 | 39 |
| 18 | 3 | 10 | 17 | 24 | 31 | 38 |
| 19 | 2 | 9 | 16 | 23 | 30 | 37 |
| 20 | 1 | 8 | 15 | 22 | 29 | 36 |
| 21 | 0 | 7 | 14 | 21 | 28 | 35 |

26日妊鑑開始

38〜40日以降の妊娠鑑定で2週間間隔の検診だとすれば、その大半は42日以降ということになりますし、その開始日齢ですべての妊娠鑑定を40日以前にしようと思えば、数日ごとに農場を訪問しなければならなくなります。26日あるいは32日鑑定と比べ、その検診（妊娠鑑定）価値は相当に消失していて、現在求められる再授精の早期化からは到底受け入れられないものです。

James D. Fergusonは、「42日以後の妊娠鑑定の価値は、42日以前に行なわれる妊娠鑑定価値の半分にしかならない」と述べています。

先に紹介したPaul Frickeの積極的繁殖のための四つの戦略のように、すべてをすばやく行なうことだけで繁殖問題が解決するというものではありませんが、その基本的考え方（スピード）を念頭に置きながら、現場で対応することが大事であると考えます。

＊

早期妊娠診断も超音波による妊娠診断も、この10年で、当たり前のものになりました。しかし、器具が良くなっても、それらを操作するための子宮や卵巣の手指による精度の高い診断が付随しなければ、その効果を発揮することはできません。検診間隔も、農場によって、より細やかに調整する必要も出てきます。

# 第8章

# 分娩後無発情期間

ウィスコンシン州立大学を訪問し、P. Fricke先生の講義を受けました。そのなかで、「超音波を利用しての妊娠鑑定を、いつから行なうべきか」という観点での調査データを紹介されました。詳しくはここで述べませんが、彼が言うには、「26～28日での妊娠鑑定は、その後1週間くらいの間の早期妊娠ロスや診断の誤りによって再発する機会が多いので、33日くらいからが良いのではないか」という結論でした。

すでに超音波診断を行なっている獣医師の多くは26～28日から始めていますから、それによるさまざまなリスクは十分理解できますが、日本で多くの一般的な農場が2週間に一度程度の検診頻度であることを考えると、そうしたリスクを超えて、より早い診断にメリットが多いように思います。ただし、このあたりをFricke先生が盛んにいうところには、もう少し深い意味もあるようで……。このへんのことも、今後、また明らかにされてくることでしょう。

「乳牛が妊娠するために最も重要な最初のステップは授精である」と何度も述べてきました。これは人の役割として考えるとき、疑いのない第一ステップです。先のFricke先生が、すばらしいことを言っています。それは、「繁殖障害に関してすばらしいニュースがあります。大学の研究者が子宮に注入すると見事に繁殖が改善する、科学的に証明された物質を発見しました。それはSemen（精液）と判明しました！」――ナイスです。

一方、この授精と受胎とは、ある種、牛と人との共同作業でもあります。すなわち、授精を積極的に行なう人の都合と、受胎しなければならない牛サイドの問題があって、今度は少し牛サイドの都合を聞いてみる必要が出てきます。牛の栄養の不足やアンバランス、周産期の病気などが繁殖に影響することは周知のことです。これら牛の繁殖をスタートさせるときに、牛サイドで起きていることを酪農家も獣医師も理解しながら、次の手を打つ必要があります。

そのなかで、一つ大事な概念が出てきます。それは、「分娩後無発情期間」〔Postpartum (Anestrus) Interval＝以後、PPI：分娩から初回排卵までの期間を意味する〕という考え方です。今回は、このPPIと繁殖管理について考え、そのなかで獣医師に何ができるかということを考えていきましょう。

## 1 PPI（分娩後無発情期間）

PPIすなわち分娩から分娩後最初の排卵が起きる期間は、一般的には19～22日（3週間前後）であると多く報告されています（Fonseca, 1983、Stevenson, 1983）。しかしながら、最近の乳牛においては、その「PPIの延長」が問題となっています。PPIが延長すれば、それは、その後の受胎あるいは空胎日数の延長につながることは明白で、適切な分娩間隔を求めれば、このPPIも適切なことが必須条件になります。

Lamming（1998）は、この期間が44日を越えるもの、すなわち初回排卵が44日以上かかるものを「PPIの延長」があると定義づけました。これらのPPIが44日以上の牛は、それが44日以内の牛と比べ、その初回授精受胎率の低下や、その後の授精回数の増加があると報告しました。

## 2 無発情牛（Anestrus Cow）と無排卵牛（Anovular Cow）、そして沈黙の排卵牛（Silent Ovulation Cow）

繁殖を管理するうえで最も重要なポイントに「初回授精」があります。この発情を見つけて初回授精をどう効率的に行なえるかによって、その農場の妊娠率は大きく影響を受けることになります。しかし、発情を見つけることのできない牛の存在が大きな障壁となっています。この分娩後における、いわゆる「無発情牛（An・無 ＋ estrus・発情＝無発情牛）について、頭の中を整理しておく必要があります。

図8-1　無発情牛と無排卵牛（DIM 70d）、そして沈黙の排卵牛の関係

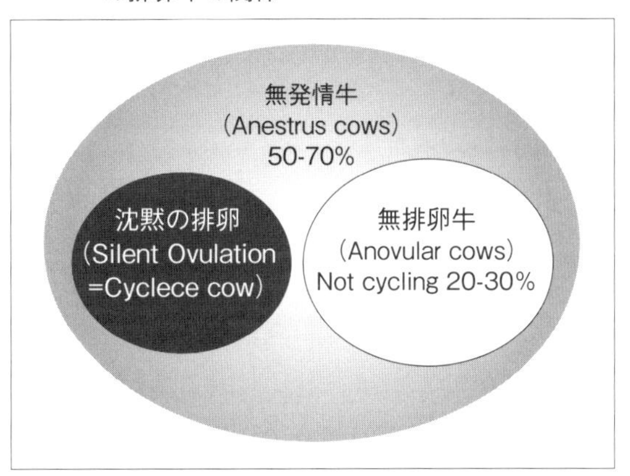


（Modified A.Gumen 2006）

## 1）無発情牛

まず、分娩後に、いわゆる「無発情」と呼ばれる（一見発情が現れない）牛は、分娩後70日くらいには、牛群の50～70％もいるのではないかといわれています（図8-1）。これらは、いわゆる総称としてのもので、その中には、発情は来ているものの発情の発見がなされていないものと、実際に発情が生じていないものが含まれます。

### （1）発情徴候を示しながら発情を見つけられない無発情牛

図8-2は乳量と発情の持続時間の関係を示し、図8-3は乳量による発情時間の短縮と

図8-2　乳量と発情持続時間

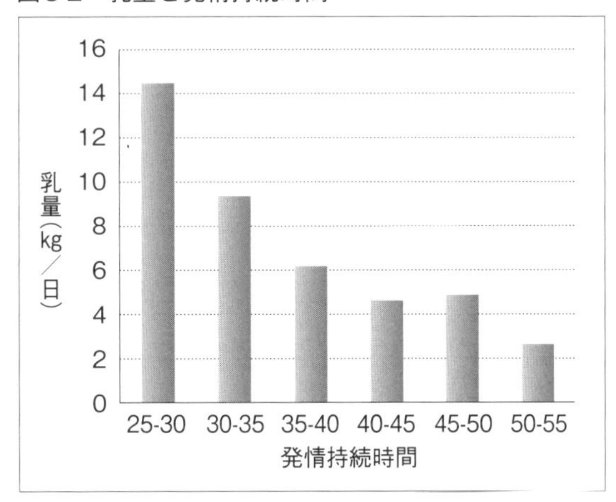


（M. Wiltbank 2005）

図8-3　発情発見間隔（頻度）と乳量の差による発情発見の確率

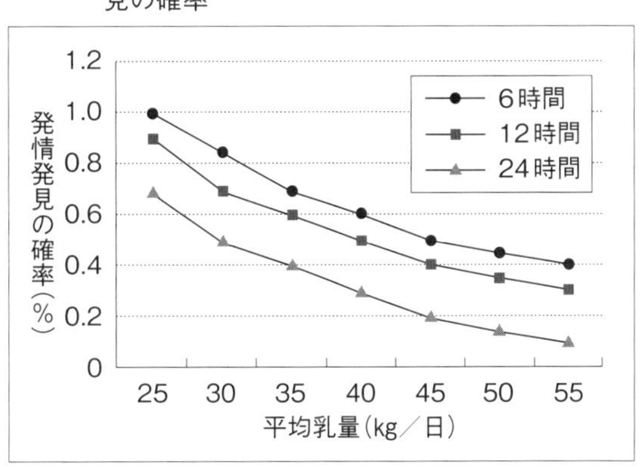


（M. Wiltbank 2005）

発情発見のための頻度（間隔）による発情発見の確率を予測したものです。牛の乳量が増えると、その発見がより困難になり、同時に乳量の増加に伴った発情発見マネージメントを変更しなければ、おのずと繁殖効率は低下してしまうことを示しています。

これらのなかには、コンクリート床の問題（Vailes and Britt, 1990）、足・飼養密度・泥濘やヒートストレス（Allrich, 1994）、繋留方式（Palmer 2010）など、発情徴候が減弱することによって発情発見されない、いわゆる無発情牛が多く存在して繁殖を混乱させる要因となっています。

(2) 発情が来て排卵しているのに発情徴候を示せない「沈黙の排卵牛」という無発情牛

一方で、分娩後には実際にはLHサージもあって、排卵もしているのに無発情牛になってしまう牛が、かなり含まれていることがわかっています。この「沈黙の排卵牛」の存在が、乳量の増加とともに問題となっています。

発情と排卵に影響するエストラジオール依存性LHサージは、発情閾値より低いのではないかという指摘もされています（Lamming, 1998、Lucy, 2006）。また、日本国内（北海道）でも調査され、Ranasinghe and Nakaoら（2010）は、分娩後90日以内における排卵の3分の1は、このいわゆる「沈黙の排卵」であって、この傾向は泌乳量が高いほど多い傾向のあることを報告しています。

(3) サイクルを開始できない（無排卵）無発情牛

次に整理して考えなければならないのが、無排卵（An・否定 ＋ ovulation・排卵＝無排卵・Anovular）牛です。ときに、「無発情牛」と「無排卵牛」が同義語のように使われますが、無排卵牛は、その卵巣機能上、排卵とその後の黄体形成が行なわれない非サイクルの牛を指していて、実際は区別する必要があります。一方、「無排卵牛（Anovular）」と「非サイクル牛（non-cycle）」は、まったくの同意語となります。そして、その中に、発情徴候をまったく示さない無排卵牛と、発情徴候は示しても排卵しない無排卵牛が含まれます。卵胞嚢腫などは無排卵牛ですが、発情を示すものと、示さないものがあります。

**図8-4**は、無発情を呈する卵巣を、四つのタイプに分けています。タイプⅠは、卵胞がまったく発育しないもので、LHパルスもLHサージも

図8-4　無発情牛のタイプ

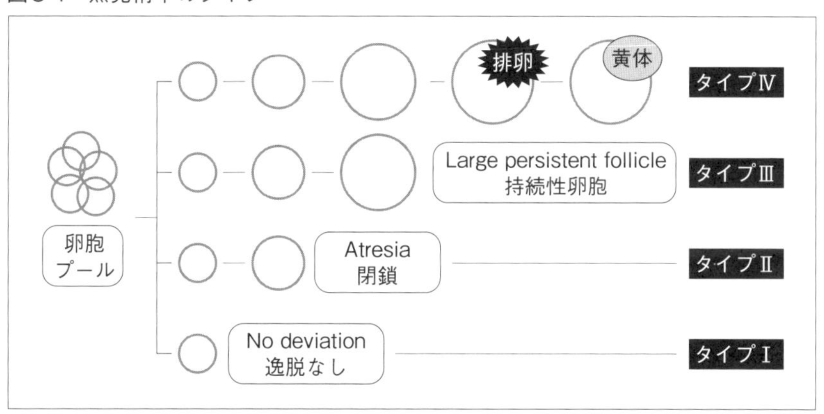


(AT Peter Theriogenology 2009)

まったくないタイプです。タイプⅡは、ほんの少し発育するものの、それ以上は成長することなく閉鎖してしまうものです。タイプⅢは、LHパルスはある程度（3～4時間に1回程度）あるものの、LHサージはなく、排卵せずに持続性の卵胞があるタイプです。さらに、タイプⅣは、排卵には至るものの、その後、長期に黄体が持続するタイプが示されています。タイプⅠ～Ⅲまでは無排卵牛の無発情牛ですが、タイプⅣでは、排卵はしたものの、黄体の長期存続によって無発情化し、次のサイクルに支障をきたしているタイプになります。

繁殖検診をするなかで、その農場の初回授精までの経過のなかで、常に整理して頭に入れておきたい図式です。とくにタイプⅠ～Ⅲについて、注意深く見ておく必要があります。VWPを過ぎてもそうしたタイプが多いときには、その要因を探る必要がありますし、個体としても搾乳日数とともにタイプⅠからタイプⅡ・Ⅲへ移行していく様子を観察できるものも多くあります。群もしくは個体の卵巣機能の回復状況を、検診のなかから観察することが極めて重要だと考えます。タイプⅠやⅡにホルモン処置を行なっても大きな効果を得ることは難しく、「なぜ、そうなっているのか？」を考察すべきです。そして、それらの卵胞の発育が良くなって最終的に排卵すること（サイクルの開始）を見極めるのも、検診の重要なポイントとなり、それが最終的には効率的で精度の高い処置にもつながっていくのです。

## 2）乳量と無排卵牛

**図8-5**は、平均乳量に差のある牛群での無排卵牛の割合を示しています。先ほど示したとおり、いわゆる「沈黙の排卵（Silent Ovulation）」は、乳量の増加とともに、その比率が高まる傾向がありますが、無排卵牛を群単位で見ると、必ずしも高泌乳牛群で多く見られるわけではないことがわかります。平均50〜55kg／日もあるような農場の牛達のほうが、平均20〜30kg／日の農場の牛よりも無排卵牛が少ない例も示されています。これは、私達が繁殖検診をしていても、よく経験することです。牛を取り巻く環境や取り扱いなど、すべての結果が牛の繁殖性に影響しているためです。先に示した、高泌乳牛がいわゆる無発情牛になりやすいことと決して混同してはなりません。「高泌乳牛というのは、発情自体はサイクルしているが、その徴候や持続時間の短縮に問題が生じやすく、そのことに対する人側のマネージメントが伴わないときに無発情牛の範疇に入ってしまいやすいだけで、それらに対応するマネージメントがしっかり行なわれることによって、高泌乳・高繁殖が実現できる」と解釈できます。同時に、この図からは、どのような農場にも一定（20〜30％）の無排卵牛は存在するということがわかります。これらを早期に確認することも、検診の役割の一つと考えます。

これを報告したM. Wiltbankは、もう一つ明瞭で興味深いデータを報告しています。**図8-6**は、ボディコンディション・スコア（以下、BCS）と無排卵牛の割合を示しています。このBCSは、搾乳日数60日で測定されたものです。BCSが低ければ無排卵牛が増加することは誰にでも想像できることですが、この報告で、BCSが2.5以下の牛では、

図8-5　乳量と無排卵牛の関係

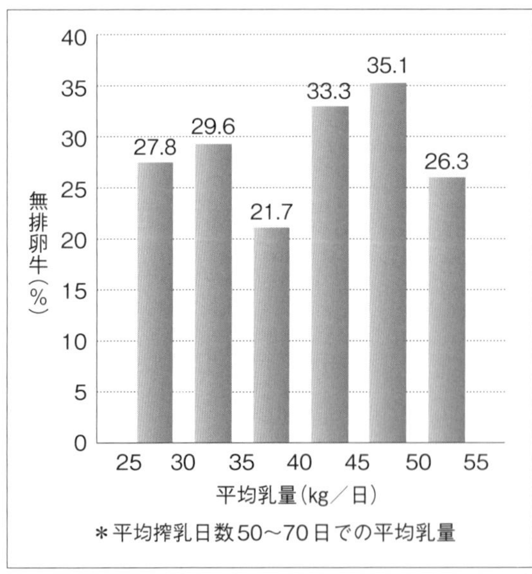


（M.Wiltbank）

18頭中15頭（83.3％）の牛が無排卵牛であったというのは、かなり驚きです。そして、そのBCSが3.0や3.25の牛さえ、それぞれ34.4％、21.8％も無排卵牛が存在するということも驚かされます。M. Wiltbankは、こうしたBCSがそう悪くはない牛での無排卵牛には、排卵できず（通常の排卵サイズが17mm程度）にそのまま大きくなり（20mm以上）、いわゆる卵胞嚢腫に近いサイズがさらに成長して、ときに巨大な卵胞嚢腫にまで発達してしまうケースがこのタイプに多いことを報告しています。また、BCSがより低い牛ではLHパルス頻度が低く、卵胞の成長が極めて悪いタイプであって（図8-4のタイプⅠ・Ⅱ）、オブシンクなどの成績低下の要因になっていることも指摘しています。一方、BCSの高い無排卵牛の卵胞は、LHパルスの頻度も多く卵胞サイズも大きく、これらはGnRHに反応（LHサージと排卵）する卵胞も多く、オブシンクの成功率も高まると述べています。

図8-6　BCSと無排卵牛

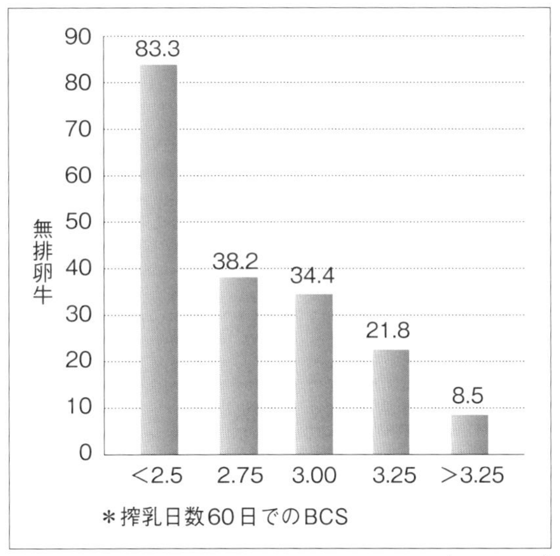


（M.Wiltbank）

＊

一口に「無発情牛」と表現されるなかにも、さまざまなタイプとステージがあり、それによって対応すべき方法が異なってきます。無発情牛と無排卵牛（非サイクル牛）、無発情と沈黙の排卵牛、卵胞の発育の良い無排卵牛と悪い無排卵牛など、さまざまな状態の牛が、その繁殖検診において交錯しながら押し寄せてきます。繁殖管理を担う獣医師は、これらをしっかりと整理しながら、その対応策を考慮することが、繁殖管理において重要になります。

# 3 PPI延長のリスクファクター

これに該当する最も大きな要因が、栄養的な制約要因です。エネルギー不足（Negative Energy Balance：NEB）の状態で、これはBCSとも密接に関わっています（Butler, 1981）。ときに卵巣も卵胞も極めて小さい状態で見つかります。また、このBCSとPPIの関係では、分娩時にBCSが高いとか低いというよりも、むしろ、その分娩後の推移と深く関係しているともいわれています（Opsomer, 2000）。暑熱時におけるPPIも当然、延長する傾向にあって（Lamming, 1981）、その原因は明らかでしょう。分娩時の病気とPPIにも密接な関係があることも周知のことです（Fonseca, 1983、Opsomer, 2000）。

図8-7は、乾乳期間とPPIの関係を示していて、これから見ると、乾乳期間が長ければ長いほどPPIが増加することになります。このようなことからも、今後も乾乳期間の長さに関わる研究は進んでいくでしょう。

図8-8は、いくつかの高泌乳牛群での、現時点（経時的なものではない）での受胎牛頭数に占める、搾乳日数50～90日に初回授精で受胎した牛の割合を示しています。農場によっては、とても低いものが見られます。これは多くの場合、この期間に発情が見つけられないか、授精しても受胎できなかったことを示していますので、PPIの延長や無排卵牛の割合が高い可能性を示していると考えられます。

こうした状況は、これら高泌乳農場だけの問題ではなく、広くさまざまな階層の農場で問題となっている可能性を多くの研究が警告しています。初回授精をいかにすばや

図8-7　乾乳期間と初回排卵

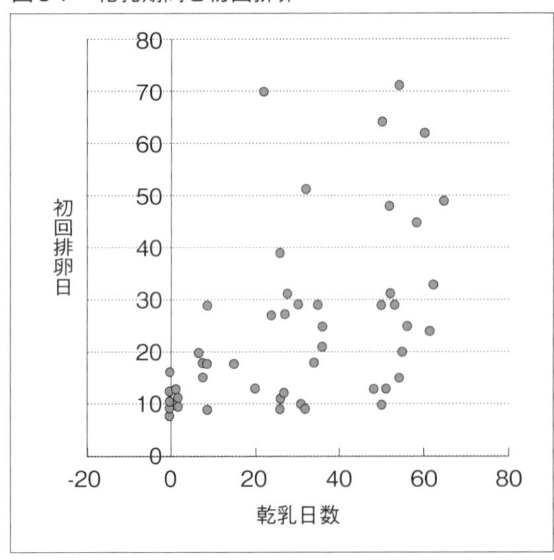


（M.Wiltbank　2005）

くコントロールするかという課題と実際の農場での牛の無排卵牛の問題は、常に頭を悩ませ混乱させるものです。

獣医師あるいはそこに関わる人達は、このPPIの延長がどの程度その農場で起こり、それが何によるのかを把握する必要があります。

そして、その一方で、これらの牛を、何とかすばやく発情を現わし受胎させるための、獣医師としての役割を果たさなくてはなりません。これは一種、繁殖管理における緊急医療ともいえるものかもしれません。

図8-8　搾乳日数50～90日に初回授精で受胎した牛の総受胎牛に占める割合

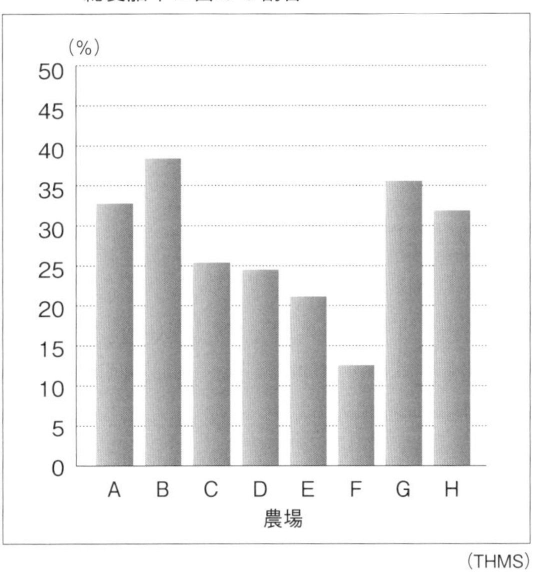


(THMS)

# 第9章 診断と治療

獣医師に許される行為として、「診断と治療」があります。現在の酪農場における繁殖管理においても、この「診断と治療」が大きな位置を占め続けています。繁殖障害の原因が多様であればあるほど、現場における「診断と治療」の重要性は、むしろ増加しているように感じます。

この章では、獣医師によるこの治療もしくは処置が、どのような理論に基づいて行なわれているか、その基本について触れ、獣医師と酪農家双方の努力とコミュニケーションの必要性を明確にしていきたいと思います。

前章に出てきた、「無発情牛（Anestrus Cow）」と「無排卵牛（Anovular Cow）」の違いをしっかりと認識しながら読んでいただければと思います。

なお、本章の1から5-1）～5-5）までが前号にて紹介されていた部分です。その使い方や歴史的な変遷を含めて読んでいただければと思います。また5-6）からは、今回追加されたオブシンクの考え方や使い方に関する過去からの推移を考察的に示したものです。アメリカにおける繁殖性の回復に関して、それぞれの流れを比較しながら読んでいただければ、より理解しやすいのではないでしょうか。

# 1 プロスタグランディン〔PGF$_{2\alpha}$（以下、PG）〕投与（注射）

## 1）PGの1回投与

発情が来ないときに利用される薬の代表格がPGです。このPGの使用は、基本的に無発情牛に対して行なわれ、無排卵牛には行なわれません。すなわち、「発情は見つけられないが、卵巣に黄体が見つけられるサイクル牛」に対して有効となります。

これらサイクル牛に対するPGの働きは、すばらしいものがあります。超音波によって卵巣に黄体の存在を確認したものに、このPGを投与し、その後6日以内に55％の牛に明確な発情が見られました（Smith, 1998）。さらに、Xu（1997）らは、サイクル牛に対してPGを投与した結果、7日以内に63～88％の高率で発情が発見されたと報告しています。これらの効果は非常に大きいものだということがわかります。

しかし、このPG投与に関しては、大きな欠点も見られます。すなわち、注射から発情の発現までの時間に、上述のように大きなばらつきがあるということです。**図9-1**は、PG投与から発情発現までの時間を示しています。多くは2～4日以内を示しているものの、その前後にも発情のあるものが多く出てくるのがわかります。これは**図9-2**に示す卵胞波（Follicle Wave）との関係によります。PGによる発情の発現効果には、黄体の存在と同時に、卵胞の発育程度が関与します。**図9-3**のように、卵胞波の成長とうまくタイミングの合った投与は2～4日以内に発情が見られますが、**図9-4**のように、卵胞の退行（新しい卵胞波の発生）時期に投

図9-1　PG単独注射後の発情同調化

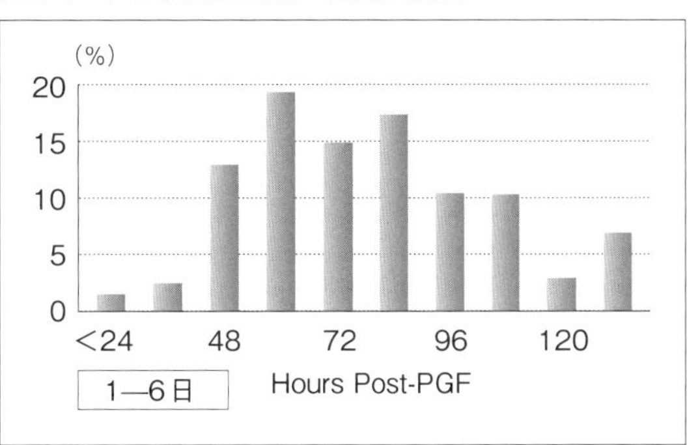


(Adapted from Stevenson et al.,2000;JAS 78:1747)

図9-2　発情サイクルにおける卵胞波、黄体とPG反応性

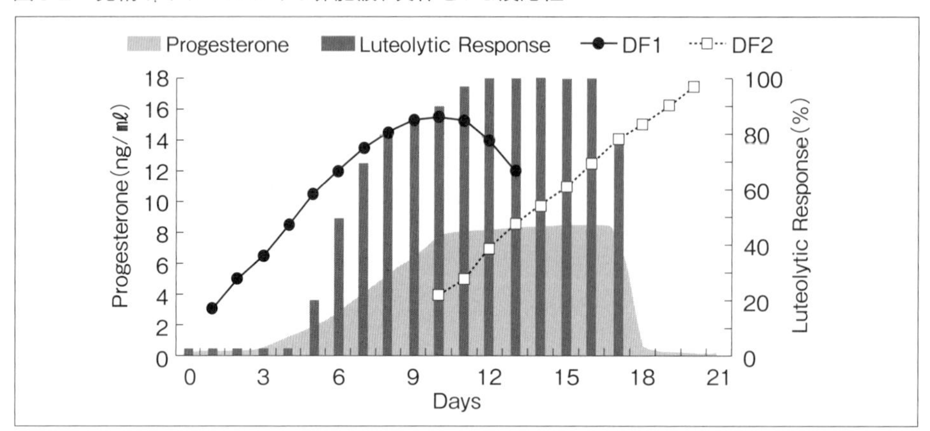


図9-3　PG注射後の発情までの短い間隔

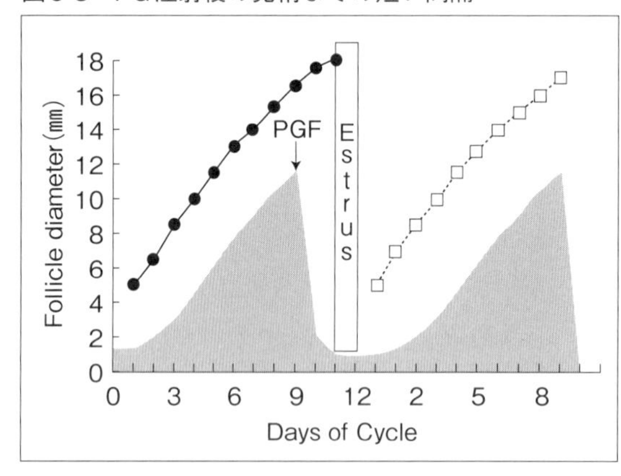


図9-4　PG注射後の発情までの長い間隔

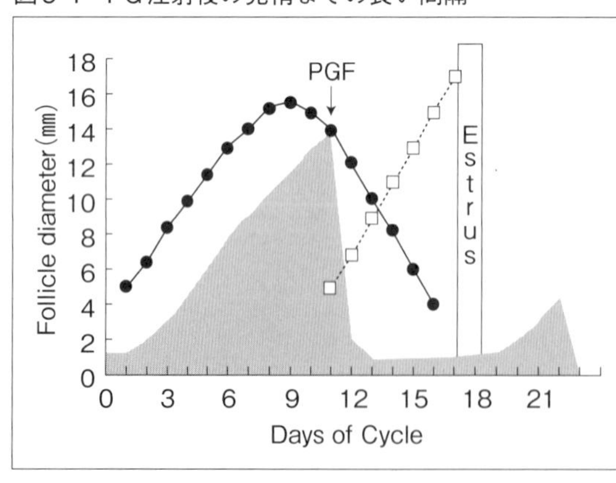


与すると発情の発現までに時間を要する結果となります。それが1～6日ないし7日という幅を生じさせてしまいます。

したがって、PG単独投与による定時授精（TAI）は推奨されず、あくまで発情を発見して授精するという酪農家の作業・努力が必要となります。獣医師サイドも、その幅を酪農家に認識してもらい、より細やかな発情発見努力をお願いしなければ、せっかくのPG効果が得られないことになります。また、機械的に3日後に授精する行為も、PG投与の価値を損なっている可能性があるので、注意が必要になります。**表9-1**は、Ovsynch（オブシンク：後述）とPGの投与を比較したものです。受胎率

にも差が見られますが、最も大きな差が授精率（発情発見率）であることがわかります。結果として、その妊娠率〔受胎率×発情発見率（授精率）〕に大きな開きが出るとBritt & Gaska（1998）は述べています。

表9-1　オブシンクとPG

| | Ovsynch | PG |
|---|---|---|
| 数 | 98 | 99 |
| 授精率(%) | 100 | 58 |
| 受胎率(%) | 47 | 32 |
| 妊娠率(%) | 47 | 18 |
| 授精回数 | 2.13 | 3.17 |

(Britt&Gaska 1998)

ここで考えなければならないことは、PGの投与によるその後の授精率は、獣医師によるその打つべき時期の判断と、その後の酪農家による発情発見努力に大きく左右されるということです。そして、その発情発見努力は、ときに投与後1週間近く必要になることを認識しなければなりません。また前にも述べましたが、そこで発現する発情が常に強くはっきりしたものだけをイメージしていると、その発見率をさらに低下させることになるでしょう。

## 2）PGの2回投与

「PGの2ショット（あるいは2 Injections）」という言葉があります。PGを12～14日間隔で2回打つことを指しています。このPGの2ショットが、いわゆるサイクル牛に行なわれれば、理論上80～90%の牛は2回目（2nd）のPGに反応し、PGに対する反応ステージにない牛もその周期上、数日以内に発情が来て、結果として、ほとんどの牛の発情周期（サイクル）が2nd PG投与後数日以内に集約されるという考え方です。

**表9-2**を見てみましょう。今、発情周期がDay0（発情当日）と、発情を明日に控えるDay20までのランダムな牛群があると仮定します。そして、1stショットのPGで反応する群がDay7～16とします。Day6とDay17のものはグレーゾーン（中網）でPGに反応することも多いですが、今回は反応しないと仮定します。そうすると、反応しないものは、そのままのサイクルを続けることになります〈赤ゾーン（濃網）〉。反応するものは、前述したように、注射後おおよそ1～6日のばらつきで発情が来るとすると〈青ゾーン（薄網）〉、それぞれの牛の14日後の2nd PGを投与するときのサイクルはどうなっているでしょうか？

表9-2 サイクルによってPGに反応する牛としない牛

■赤ゾーン ■グレーゾーン ■青ゾーン

| PG | 0 | 1 | 2 | 3 | 4 | 5 | 6 | 7 | 8 | 9 | 10 | 11 | 12 | 13 | 14 | 15 | 16 | 17 | 18 | 19 | 20 |
|---|---|---|---|---|---|---|---|---|---|---|---|---|---|---|---|---|---|---|---|---|---|
| | 1 | 2 | 3 | 4 | 5 | 6 | 7 | 0 | | | | | | | | | | 18 | 19 | 20 | 0 |
| | 2 | 3 | 4 | 5 | 6 | 7 | 8 | 1 | 0 | | | | | | | | | 19 | 20 | 0 | 1 |
| | 3 | 4 | 5 | 6 | 7 | 8 | 9 | 2 | 1 | 0 | | | | 0 | 0 | 0 | 0 | 20 | 0 | 1 | 2 |
| | 4 | 5 | 6 | 7 | 8 | 9 | 10 | 3 | 2 | 1 | 0 | | | 1 | 1 | 1 | 1 | 0 | 1 | 2 | 3 |
| | 5 | 6 | 7 | 8 | 9 | 10 | 11 | 4 | 3 | 2 | 1 | 0 | | 2 | 2 | 2 | 2 | 1 | 2 | 3 | 4 |
| | 6 | 7 | 8 | 9 | 10 | 11 | 12 | 5 | 4 | 3 | 2 | 1 | 0 | 3 | 3 | 3 | 3 | 2 | 3 | 4 | 5 |
| | 7 | 8 | 9 | 10 | 11 | 12 | 13 | 6 | 5 | 4 | 3 | 2 | 1 | 4 | 4 | 4 | 4 | 3 | 4 | 5 | 6 |
| | 8 | 9 | 10 | 11 | 12 | 13 | 14 | 7 | 6 | 5 | 4 | 3 | 2 | 5 | 5 | 5 | 5 | 4 | 5 | 6 | 7 |
| | 9 | 10 | 11 | 12 | 13 | 14 | 15 | 8 | 7 | 6 | 5 | 4 | 3 | 6 | 6 | 6 | 6 | 5 | 6 | 7 | 8 |
| | 10 | 11 | 12 | 13 | 14 | 15 | 16 | 9 | 8 | 7 | 6 | 5 | 4 | 7 | 7 | 7 | 7 | 6 | 7 | 8 | 9 |
| | 11 | 12 | 13 | 14 | 15 | 16 | 17 | 10 | 9 | 8 | 7 | 6 | 5 | 8 | 8 | 8 | 8 | 7 | 8 | 9 | 10 |
| | 12 | 13 | 14 | 15 | 16 | 17 | 18 | 11 | 10 | 9 | 8 | 7 | 6 | 9 | 9 | 9 | 9 | 8 | 9 | 10 | 11 |
| | 13 | 14 | 15 | 16 | 17 | 18 | 19 | 12 | 11 | 10 | 9 | 8 | 7 | 10 | 10 | 10 | 10 | 9 | 10 | 11 | 12 |
| d14PG | 14 | 15 | 16 | 17 | 18 | 19 | 20 | 13 | 12 | 11 | 10 | 9 | 8 | 11 | 11 | 11 | 11 | 10 | 11 | 12 | 13 |

まず最初に、Day0～2だった牛は当然Day14～16となり、2ndのPGに反応する青ゾーンに入り込んできます。Day3の牛はグレーゾーンのDay17となります。反応するものもあれば、そのままの周期でいくものもあると考えられます。Day4～6までの無反応だった牛は、今度はDay18～20となって再びPG反応ゾーンに入ってきません。しかし、これらは本来のサイクルから後3～4日以内に発情が発現するサイクルになっています。最初の反応群であったDay7～16の群は、その発情までの幅がたとえ1～6日あったとしても、2ndショットのときは、より反応の確実なDay9～13に入ってきます。さらに発情サイクルの後半で1st PGに反応しなかった群（Day18～20）は、そのサイクルから今度はPG反応ゾーンのDay10～13に入ってくることになります。これですべての牛が2ndショット後、1～6日以内に発情が来ることが確立されます。以前から「ターゲットブリーディング」という方法がありますが、この考え方によるもので、直腸検査の必要もなく発情を誘起させられる方法を利用してきました。しかしながら、依然としてPG投与後の発情の発現にばらつきがあることには変わりなく、酪農家による発情発見努力が欠かせないという欠点は引きずったままとなります。

Mialot（1999）は、黄体が確認される牛（サイクル牛）に対してPGの2ショットと、オブシンク（Ovsynch：後述）したものの、50日後の妊娠率を比較しました。その結果、PG群が33％、オブシンク群は36％で、有意差はなかったと報告しました。すなわち、PGの2回投与とオブシンクの差は、少なくともサイクル牛に関しては、発情発見をする努力が必要か・必要でないかの差だけであると報告しました。したがって、超音波などによる正確な黄体の確認ができ、しっかりとした発情発見努力さえすれば、PGの1ショットでも（2ショットはもちろん）、オブシンクと同じ成果を得られる可能性が示唆されたことになります。

とはいえ、現実的には手指による直腸検査精度の問題や発情徴候の強弱、そして発見の精度や授精のタイミングなど、PGだけによる妊娠牛獲得にはさまざまな大前提と、それに続く難関が存在することになります。

## 2 GnRHあるいはエストラジオールの投与（注射）

無発情・無排卵牛（非サイクル牛）に、GnRH※注1あるいはエストラジオール※注2を投与することによって、排卵を誘起することが可能です。しかし、これには、ある程度発育した卵胞が卵巣にあることが必要です。また、これらの利用の場合、多くの牛が再び無排卵牛に戻ってしまうことがあるようです（Garcia, 1986、McDougall, 1992）。そしてRhodesは、こうした治療だけでは、その後の黄体期が短く、黄体ホルモン（プロゲステロン）による加療（CIDR）を含むことによって、この黄体期間を正常なレベルにすることができると述べています。これらGnRHやエストラジオールの単独治療によって、卵胞の発育やそれに伴うエストローゲンの生産を刺激することが、非サイクル牛にある程度有効であることは多く経験することですが、同時に、その限界もあるということでしょう。GnRHあるいはエストラジオールとプロゲステロンのコンビネーションについては後述します。

※注1：GnRH（Gonadotropin Releasing Hormone、ゴナドトロピンリリースホルモン）。一般にGnRHと呼ばれ、LH（黄体形成ホルモン）のサージを誘起して、排卵を促します。商品名＝コンセラール、スポルネン、アポックス、ゼノフェル、ポンサーク、フェルチ

レリン、バスピッチ、エストマールなど。

※注2：エストラジオール（Estradiol、E2）。発情ホルモン（エストローゲン＝エストロンE1、エストラジオール＝E2、エストリオール＝E3）ともいわれ、発情時の、さまざまな外部・内部徴候の発現に寄与しています。発情の接近によって発育中の卵胞から分泌され、卵胞の最終的な成熟を促すFSH濃度に影響を与えます。そして、LHサージを誘起させ、排卵を促します。GnRHの投与より、排卵までの時間が少しかかることになります。

## 3 GnRHとPGのコンビネーション

PG単独あるいはPGの2ショットによる発情の誘起には、投与（注射）後における発情のばらつきという欠点が指摘されました。そこで、PGを投与する前にGnRHを投与することによって、そのばらつきをなくそうという方法が考えられました。PG注射の7日前にGnRHを投与し、その後、発情発見されたものに授精を行なうという方法で（図9-5）、これはオブシンクに対して、発情を選定する意味から「セレクトシンク(Selectsynch)」と呼ばれます。最初のGnRHによって卵胞波を一旦リセットすることによって、その後の発情のばらつきをなくそうというものですが、排卵時間までをコントロールしようとするオブシンクとは意味が異なります。図9-6は、GnRHによってPG注射後の発情の分布が相当

図9-5　セレクトシンク(GnRH-PG Protocols)

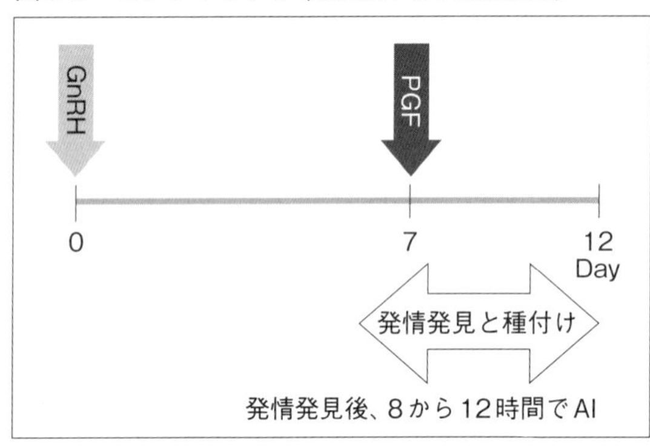


図9-6　セレクトシンク vs PG 2ショット発情の同期化

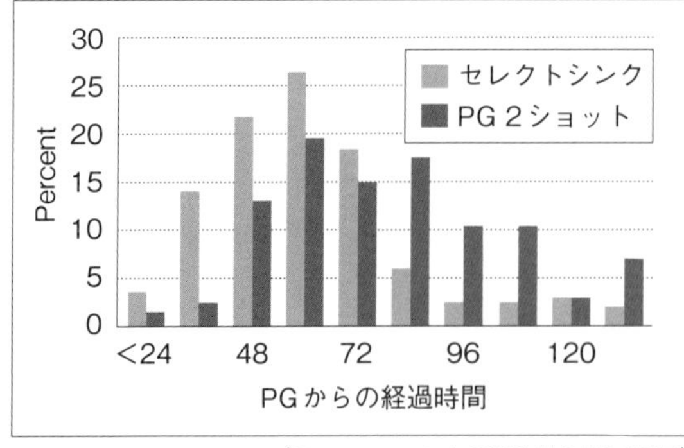


(Stevenson et al.,2000,JAS 78:1747)

図9-7　サイクル牛
セレクトシンク vs PG 2ショット

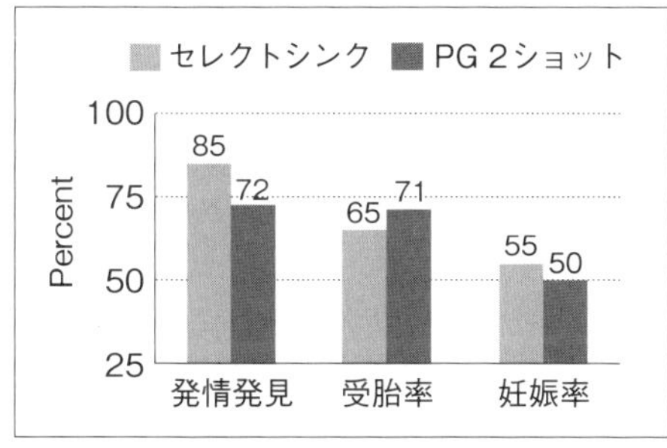


(Stevenson et al.,2000,JAS 78:1747)

図9-8　無発情牛(Anestrus Cow)
セレクトシンク vs PG 2ショット

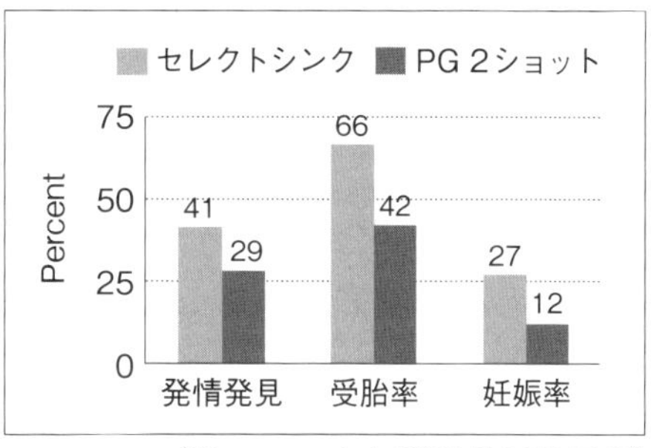


(Stevenson et al.,2000,JAS 78:1747)

に集約されている一方、PGの2ショットでは依然として発情開始（排卵時間）をコントロールできていないことを示しています。

図9-7は、このセレクトシンクとPGの2ショットによる比較です。セレクトシンクのほうが発情発見率の高い結果として、その妊娠率が若干高くなっています。しかし、その差は大きくありませんでした。これは対象牛を発情が回帰しているサイクル牛に限って比較していることによります。これは前述したように、PGは発情が回帰して黄体が存在する牛には極めて有効であることを改めて示しています。そして、セレクトシンクに比べ発情発見率が劣るのは、これも前述したように、やはり発情の開始にばらつきが多いことに関連していると考えられます。

図9-8は、それに対して無発情牛（Anestrus Cow）との比較です。この無発情牛には、説明したようにサイクル牛と非サイクル牛が含まれますが、今度はPG 2ショット群の成績は惨憺たるものに変貌します。GnRH-PGプロトコールのほうも当然落ちていますが、PG 2ショット群に比べれば有意に高い妊娠率を示す結果となっています。これは、PGが非サイクル牛に対しては有効性が低いことと、GnRHの投与が非サイクル牛にいくぶんの効果があることを示した結果といえそうです。

＊

発情を誘起し受胎させるための治療・処置における前段としての基本的な方法とその意味について、一刀両断的に説明しました。それぞれに長所と欠点を持っていることや、発情発見という最終的な酪農家の仕事は依然として託されたままであることが理解できたかと思います。そして、どの農場にもいる無発情牛と無排卵牛をどうするのか……。

## 4 セレクトシンク(Selectsynch)とオブシンク(Ovsynch)

「セレクトシンク」は、GnRHとPGによるプロトコールでした（図9-9）。これはPGの前にGnRHを投与することによって、PGの持つ発情のばらつきをより狭い範囲に集約させて、発情発見をより効率的（高率的）に行なえる可能性を高めるものです。このように発情を発見(選定)してから授精を行なうため、セレクトシンクと呼ばれます。これには長所と短所があります。長所は、オブシンクと比べてコストが安いことと、授精した牛における受胎率が高くなることです。しかし短所としては、依然として発情と授精は酪農家の努力に一任されていることで、ときに発情の見逃し、あるいは授精率が低くなることです。

このセレクトシンクの低い授精率という欠点を補うものが、「オブシンク」といわれるものです（図9-9）。すなわちオブシンクは、この発情を発見して授精をするタイミングまでコントロールすることによって、セレクトシンクなどによる低い授精率を改善させようというものです。セレクトシンク（GnRH-PGプロトコール）におけるPG注射後、2日目に再び2回目のGnRHを投与します。これによって排卵の時間を、その注射後24～32時間以内（8時間の誤差）にコントロールできることをPursley（1995）らが報告しました。ということは、酪農家はもう1回分のGnRHコストを支払うことによって、長時間の発情発見の仕事から解

図9-9　セレクトシンクとオブシンク

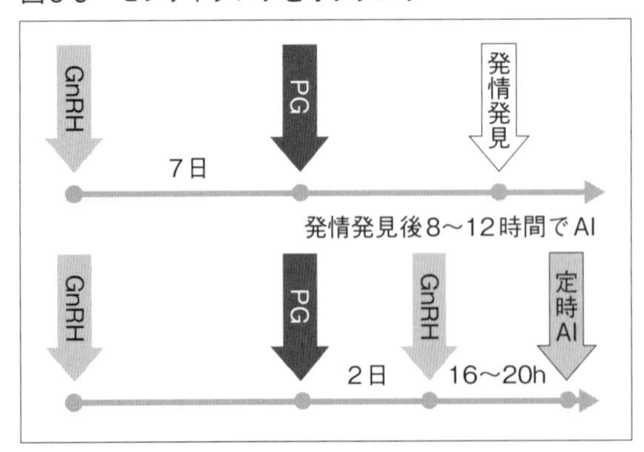

放されると同時に、高い授精率を得ることが可能になったのです。

しかし､そのコストパフォーマンスについては難しい判断が必要なようです。Burke（1996）は、このセレクトシンク（GnRH-PGプロトコール）とオブシンクの比較を行なっています。結果は、セレクトシンクとオブシンクの受胎率で、それぞれ41.5%および26.5%と圧倒的な開きがありました。しかし、やはり授精率が100%であるオブシンクの利点から、最終的な妊娠率では、それぞれ30.5%と29.0%と、ほぼ同じ結果となりました。発情を発見するための努力とGnRHのコスト、どちらを選ぶかということなのです。

ただし、ここで注目に値するのは、セレクトシンクとオブシンクによる月々の受胎率および妊娠率の変化です。セレクトシンクのほうは、やはり月によって大きな波がありました。例えば、受胎率では、ある月は70%を記録したかと思えば、次の月は20%近くまで落ちてしまう、という具合です。発情の状態や人の状態で、その結果に大きな波が出てしまうのです。一方のオブシンクは、その波が極めて安定的なのが特徴で、その時々の発情や人の状況にかかわらず妊娠牛をコンスタントに得られるというメリットがあるように、このデータからは考えられます｡そうした利点をバックにオブシンクは普及しましたが､同時に、さまざまな問題点も明らかにされてきました。

## 5 オブシンク：問題点とその解決

上述したようにPursley（1995）は､GnRH-PG-GnRHというプロトコール（図9-9）において、2回目のGnRH投与によって排卵時間をコントロールすることができ、定時授精（TAI）が可能であることを報告しました。すなわち、授精をGnRH投与後12～20時間くらいで行なうことによって、授精と排卵をシンクロさせることが可能であるということです。しかし、これにもさまざまな問題があることがわかってきます。

## 1）卵胞波とGnRH投与のタイミング

オブシンクにおいて最も大きな問題となるのは、初回GnRH投与時の卵胞波のステージです。GnRHは、直径9～10㎜以上に成長した卵胞でなければ排卵を起こすことができません。したがって、発情直後（1～4日）や発情後13～15日（卵胞波が2サイクル牛）あたりの卵胞の場合、そのサイズが不十分で排卵を起こすことができなくなります（図9-10）。排卵の起きない卵胞はそのまま成長するので、PGを打つときには、すでにその卵胞が新鮮（Fresh）ではなくなっている可能性が高くなります。古い卵胞は繁殖性を落とし、その後の妊娠維持能力にも大きな影響を与えます（妊娠ロスの増大）。さらに、牛によってはサイクルが進んで、PG投与前に発情を示す牛も10%程度出てくることになります。このとき、その発情が発見されずにオブシンクが続けられても当然、受胎させることはできなくなります。

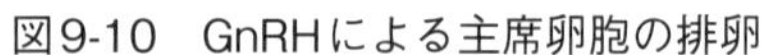
図9-10　GnRHによる主席卵胞の排卵

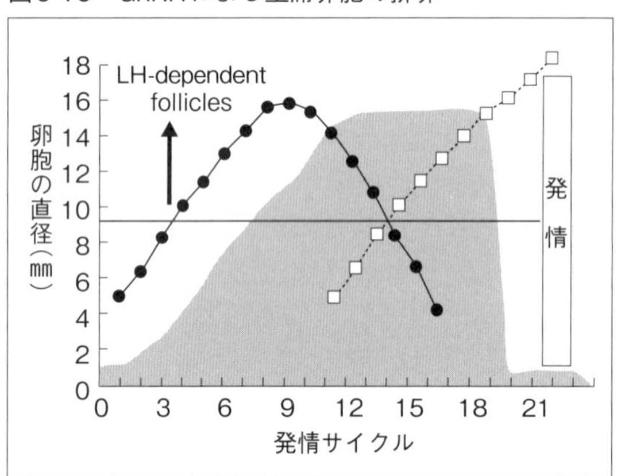


表9-3　ランダムステージでのオブシンク／TAIにおける期待妊娠率と妊娠頭数（100頭の場合）サイクル牛

| 発情サイクル | ステージ割合（%） | 期待妊娠率（%） | 100頭中妊娠頭数（頭） |
|---|---|---|---|
| 1～4 | 20 | 20 | 4 |
| 5～12 | 40 | 50 | 20 |
| 13～17 | 25 | 20 | 5 |
| 18～20 | 15 | 50 | 7 |
| Total | 100 | - | 36 |

（Jeff Stevenson）

Vasconcelos（1999）は、初回のGnRHで排卵したものは、それで排卵しなかったものに比べ、2回目のGnRHでの排卵がより同調されると報告し、同様の試験のなかで、オブシンクスタートのベストステージは発情周期中間か、もしくはそれより早い時期（5～9日）と述べました。

J. Stevensonは、その影響を表9-3のように仮定しています。これは、ランダムな牛群におけるサイクル牛の理論的期待妊娠率を表しています。発情サイクルの1～4日目と13～17日目の期待妊娠率の低さが、全体の妊娠率を引き下げていることがわかります。こうした卵胞波とオブシンクにおける初回GnRHのタイミングの問題がクローズアップされることになりました。

## 2）プレシンク／オブシンク（Presynch ／ Ovsynch）

オブシンク開始のステージを発情周期の5～9日目にするための解決策として出てきたのが、「プレシンク／オブシンク（Presynch ／ Ovsynch）」という方法で、PGを1回あるいは2週間間隔で2回投与（PG2ショット）する方法です。

**図9-11**は、ランダムな牛群での、2週間間隔でPGを2回注射後12日目における発情の理論的周期を示しています。これによって、ほとんどの牛の発情周期が6～10日くらいになってくることが理解できると思います。まさに、オブシンクスタートに絶好のタイミングにリセットされるということです。

図9-11　ランダムな牛群での2週間間隔でPGを2回注射後12日目における発情の理論的周期

■赤ゾーン　■グレーゾーン　■青ゾーン　■○ゾーン

| PG1st | 0 | 1 | 2 | 3 | 4 | 5 | 6 | 7 | 8 | 9 | 10 | 11 | 12 | 13 | 14 | 15 | 16 | 17 | 18 | 19 | 20 |
|---|---|---|---|---|---|---|---|---|---|---|---|---|---|---|---|---|---|---|---|---|---|
| | 1 | 2 | 3 | 4 | 5 | 6 | 7 | 0 | | | | | | | | | | 18 | 19 | 20 | 0 |
| | 2 | 3 | 4 | 5 | 6 | 7 | 8 | 1 | 0 | | | | | | | | | 19 | 20 | 0 | 1 |
| | 3 | 4 | 5 | 6 | 7 | 8 | 9 | 2 | 1 | 0 | | | | 0 | 0 | 0 | 0 | 20 | 0 | 1 | 2 |
| | 4 | 5 | 6 | 7 | 8 | 9 | 10 | 3 | 2 | 1 | 0 | | | 1 | 1 | 1 | 1 | 0 | 1 | 2 | 3 |
| | 5 | 6 | 7 | 8 | 9 | 10 | 11 | 4 | 3 | 2 | 1 | 0 | | 2 | 2 | 2 | 2 | 1 | 2 | 3 | 4 |
| | 6 | 7 | 8 | 9 | 10 | 11 | 12 | 5 | 4 | 3 | 2 | 1 | 0 | 3 | 3 | 3 | 3 | 2 | 3 | 4 | 5 |
| | 7 | 8 | 9 | 10 | 11 | 12 | 13 | 6 | 5 | 4 | 3 | 2 | 1 | 4 | 4 | 4 | 4 | 3 | 4 | 5 | 6 |
| | 8 | 9 | 10 | 11 | 12 | 13 | 14 | 7 | 6 | 5 | 4 | 3 | 2 | 5 | 5 | 5 | 5 | 4 | 5 | 6 | 7 |
| | 9 | 10 | 11 | 12 | 13 | 14 | 15 | 8 | 7 | 6 | 5 | 4 | 3 | 6 | 6 | 6 | 6 | 5 | 6 | 7 | 8 |
| | 10 | 11 | 12 | 13 | 14 | 15 | 16 | 9 | 8 | 7 | 6 | 5 | 4 | 7 | 7 | 7 | 7 | 6 | 7 | 8 | 9 |
| | 11 | 12 | 13 | 14 | 15 | 16 | 17 | 10 | 9 | 8 | 7 | 6 | 5 | 8 | 8 | 8 | 8 | 7 | 8 | 9 | 10 |
| | 12 | 13 | 14 | 15 | 16 | 17 | 18 | 11 | 10 | 9 | 8 | 7 | 6 | 0 | 0 | 0 | 0 | 8 | 9 | 10 | 11 |
| | 13 | 14 | 15 | 16 | 17 | 18 | 19 | 12 | 11 | 10 | 9 | 8 | 7 | 10 | 10 | 10 | 10 | 9 | 10 | 11 | 12 |
| d14PG2nd | 14 | 15 | 16 | 17 | 18 | 19 | 20 | 13 | 12 | 11 | 10 | 9 | 8 | 11 | 11 | 11 | 11 | 10 | 11 | 12 | 13 |
| | | | | 18 | 19 | 20 | 0 | | | | | | | | | | | | | | |
| | | | | 19 | 20 | 0 | 1 | 0 | | | | | | | | | | | | | |
| | 0 | 0 | 0 | 20 | 0 | 1 | 2 | 1 | 0 | | | | 0 | 0 | 0 | 0 | 0 | 0 | 0 | 0 | 0 |
| | 1 | 1 | 1 | 0 | 1 | 2 | 3 | 2 | 1 | 0 | | | 1 | 1 | 1 | 1 | 1 | 1 | 1 | 1 | 1 |
| | 2 | 2 | 2 | 1 | 2 | 3 | 4 | 3 | 2 | 1 | 0 | | 2 | 2 | 2 | 2 | 2 | 2 | 2 | 2 | 2 |
| | 3 | 3 | 3 | 2 | 3 | 4 | 5 | 4 | 3 | 2 | 1 | 0 | 3 | 3 | 3 | 3 | 3 | 3 | 3 | 3 | 3 |
| | 4 | 4 | 4 | 3 | 4 | 5 | 6 | 5 | 4 | 3 | 2 | 1 | 4 | 4 | 4 | 4 | 4 | 4 | 4 | 4 | 4 |
| | 5 | 5 | 5 | 4 | 5 | 6 | 7 | 6 | 5 | 4 | 3 | 2 | 5 | 5 | 5 | 5 | 5 | 5 | 5 | 5 | 5 |
| | 6 | 6 | 6 | 5 | 6 | 7 | 8 | 7 | 6 | 5 | 4 | 3 | 6 | 6 | 6 | 6 | 6 | 6 | 6 | 6 | 6 |
| | 7 | 7 | 7 | 6 | 7 | 8 | 9 | 8 | 7 | 6 | 5 | 4 | 7 | 7 | 7 | 7 | 7 | 7 | 7 | 7 | 7 |
| | 8 | 8 | 8 | 7 | 8 | 9 | 10 | 9 | 8 | 7 | 6 | 5 | 8 | 8 | 8 | 8 | 8 | 8 | 8 | 8 | 8 |
| d12GnRH | 9 | 9 | 9 | 8 | 9 | 10 | 11 | 10 | 9 | 8 | 7 | 6 | 9 | 9 | 9 | 9 | 9 | 9 | 9 | 9 | 9 |

表9-4　プレシンク(PG-14日-PG-12日後よりオブシンク)を利用したランダムステージでのオブシンク／TAIにおける期待妊娠率と妊娠頭数(100頭の場合)サイクル牛

| 発情サイクル | 牛群割合(%) | 期待される妊娠率(%) | 100頭中妊娠頭数(頭) |
|---|---|---|---|
| 5〜10 | 90 | 50 | 45 |
| 13〜17 | 5 | 20 | 1 |
| 18〜20 | 5 | 50 | 2 |
| Total | 100 | - | 48 |

(Jeff Stevenson)

図9-12　農場におけるオブシンクとプレシンク／オブシンクの妊娠率

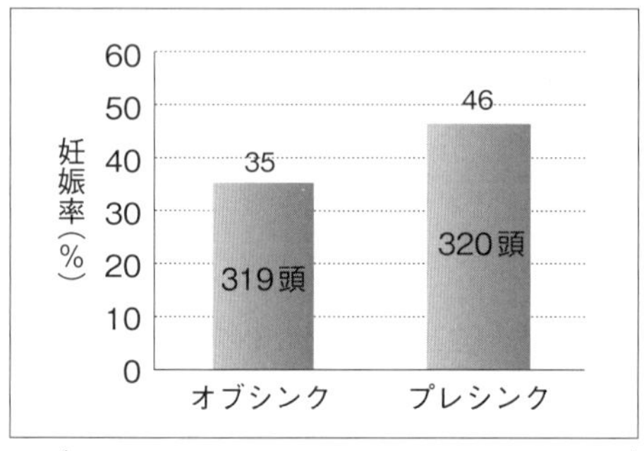


(S.Z. El-Zarkouny and J.S.Stevenson,unpublished)

これによって、期待されるオブシンクの妊娠率が示されています(**表9-4**)。ランダムに始めるオブシンクの期待妊娠率36%が、このPGによるリセットによって相当に高められる(48%)可能性を示しています。実際にZarkouny & Stevensonは、74日目での妊娠率を比較して、オブシンクが35%であるのに対し、プレシンクグループでは46%に達する結果を得ました(**図9-12**)。また、Moreira(2001)も、このプレシンクによって妊娠率を高め(10数%)、さらに、その後の妊娠ロスも半減したと報告しています。

しかしながら、ここで注意しなければならないことは、これらの期待値はすべてサイクル牛を前提としていることです。プレシンク／オブシンクは、すなわちPGの投与ですから、サイクルしている牛(機能性の黄体ができる牛)に対して有効ということです。Moreira(2001)は、プレシンクが妊娠率を高めるのは、サイクル牛において利用したときだけであると報告しました。さらにS. J. LeBlancらは、1回のPG投与によるプレシンクで妊娠率を上げることはできなかったとして、その理由の一つに、初回種付け時期における非サイクル牛の存在をあげています。そして、プレシンクをこの時期に全頭に行なうには相当な注意が必要であると結んでいます。PGの投与が直接的に子宮の免疫反応の向上に寄与する可能性もありますが(Wulster-Radcliffe, 2001)、非サイクル牛への反応などは不明です。

このプレシンクを利用して最も多く妊娠牛を得る実際的な方法は、プレシンクによる2回目のPG後、良好な発情を示すものは、そこで積極的に授精してしまうことです。この2度目のPGで発情を示すものの多くはサイクル牛と判断できます。そして、そこで授精できなかったものを次のオブシンクへつなげるというものです。この方式をCherry-Picking（サクランボ摘み）方式といいます。サクランボ摘みをするときには、皆さん、美味しそうなものだけを選んで摘み取りますね。それと同じように、良い発情を選んで種付けする方式をいいます。コストの削減と同時に、妊娠牛の確保につなげながら、オブシンクの成績を向上させるシステムです。ターゲットブリーディングとオブシンクのハイブリッドシステム、それがプレシンク／オブシンクということになります。

### 3）修正（整）（Modified）プレシンク／オブシンク

これらのプログラムを実際の農場で行なうと、それが煩雑であるという問題が出てきました。例えば、木曜日にプレシンクを始めても、オブシンクのGnRHとPGを打つのは火曜日になることで、それらのコントロールが難しいという問題でした（図9-13）。そこで考えられたのが、2回目のPGからのオブシンクのGnRHを投与する間隔を、ここも14日（2週間）にならないかというものです。これによってプレシンクの2回のPGとオブシンク部分のGnRHと、次のPGがすべて同じ曜日に統一できることになります（図9-14）。

これであれば、オブシンク開始のGnRH投与が12日目から14日目と2日遅れるので、上述したサイクルからすると8～12日くらいの開始になります。非常にユーザーフレンドリーな方法ではありますが、その成績はどうか、というこ

図9-13　プレシンク／オブシンク

| 日 | 月 | 火 | 水 | 木 | 金 | 土 |
|---|---|---|---|---|---|---|
| | | | | PG | | |
| | | | | | | |
| | | | | PG | | |
| | | | | | | |
| | | GnRH | | | | |
| | | PG | | GnRH | TAI* | |

＊定時授精

図9-14　修正(Modified)プレシンク／オブシンク

| 日 | 月 | 火 | 水 | 木 | 金 | 土 |
|---|---|---|---|---|---|---|
| | | PG | | | | |
| | | | | | | |
| | | PG | | | | |
| | | | | | | |
| | | GnRH | | | | |
| | | PG | | GnRH | TAI* | |

＊定時授精

表9-5　オブシンクと修正(Modified)プレシンク／オブシンク

| | オブシンク(%) | 修正プレ／オブ(%) |
|---|---|---|
| 1stGnRH後の排卵 | 41.1 | 35.9 |
| 2ndGnRH後の排卵 | 69.6 | 81.1 |
| 受胎率(PR/AI) | 37.3 | 49.6 |

(Adapt from Navanukraw 2004)

とになります。Navanukraw(2004)は、この「修正プレシンク／オブシンク」による成績を示しました。そして結果は、通常のオブシンクの受胎率37.3％を49.6％に引き上げられたと報告しました(表9-5)。

## 4) オブシンク／コシンク(Ovsynch ／ Cosynch)

プレシンク／オブシンクを修正して曜日の混乱の危険性は低減されましたが、さらに農場サイドから、もっとシンプルな方法として、「2回目のGnRHを授精と同時にならないか」という、一見、乱暴な提案が出てきました。それを実際にやってみたら、結構うまくいったというものです。この現場から生まれた発想が「コシンク(CoSynch)」というものです。コシンク(CoSynch)のコ(Co)とは、Co-opなどと同じで、「一緒に＝共同」という意味です。授精とGnRHを「一緒に行なう」のでコシンクといいます。

P. Frickeが、図9-15のような実験をしました。オブシンクおよびコシンクPG注射後48時間(48h)後と72時間(72h)後の二通り、合計三通りを比較しました。結果は、意外にも、コシンク72hが最も良かったのです(図9-16)。

図9-15　Cosynch:Ovsynch(コシンク：オブシンク)

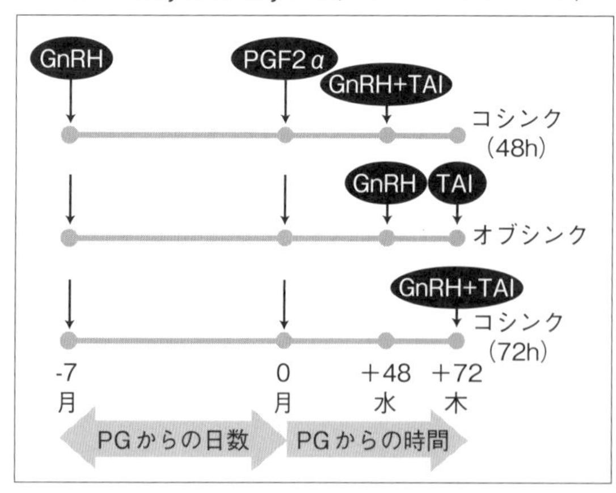


(P.M.Fricke)

Stevenson(2005)もプレシンク／オブシンクで同様な試験をしましたが、やはりコシンク72hが良い成績を出しました。そして、オブシンクにおけるPGからGnRHの注射(48時間)までの時間と、その後の排卵までの卵胞の成熟度との関連が示唆されました。このコシンク72hは、その後の妊娠ロスも、オブシンクやコシンク48hに比べて有意に少ないこともわかりました（図9-17）。

さらにP. Frickeは、コシンク48hと通常のオブシンクのなかで2回目のGnRHを48時間後ではなく、57時間後に投与し、その後は通常どおり16時間後に定時授精する（オブシンク57h）ものとを比較しました（図9-18）。これも、PG投与後、今までより時間をおいたほうが、より高い妊娠率を得るという結果となりました。P. Frickeがウィスコンシン州立大学のプライベートなセミナーにおいて語ったことは、「たぶん現時点では、PG投与からGnRHを投与するまでの時間は57時間くらいが良いと考えられる」ということでした。コシンク72hでは少し遅い可能性のあることを匂わせました。いずれにしても現在、2回目のGnRH投与までの時間について論議されているところです。

図9-16　Cosynch:Ovsynch ユーザーフレンドリー

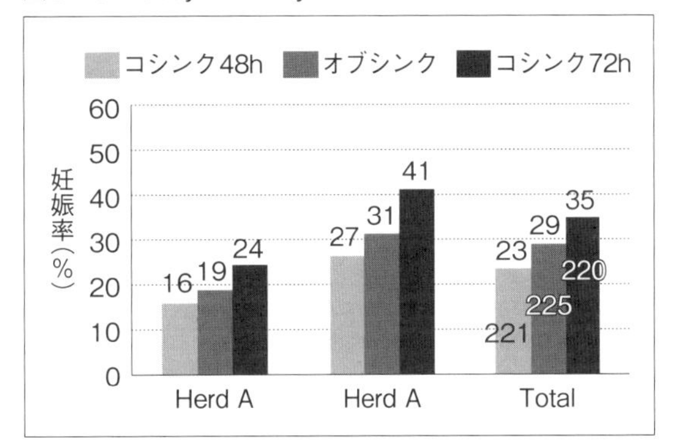


図9-17　コシンクとオブシンク妊娠ロスと分娩率

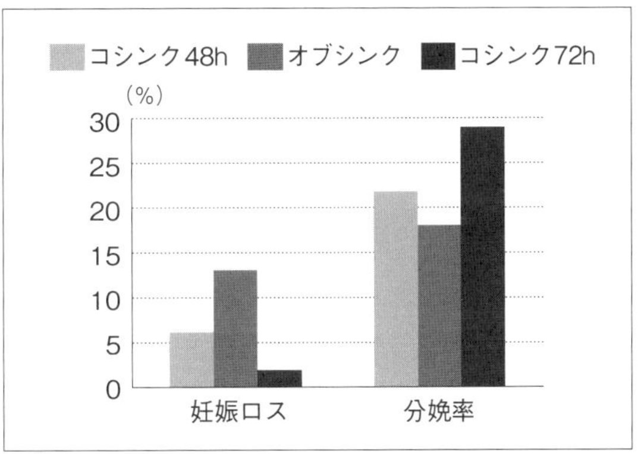


（P.M.Fricke）

図9-18　コシンク48hとオブシンク57h

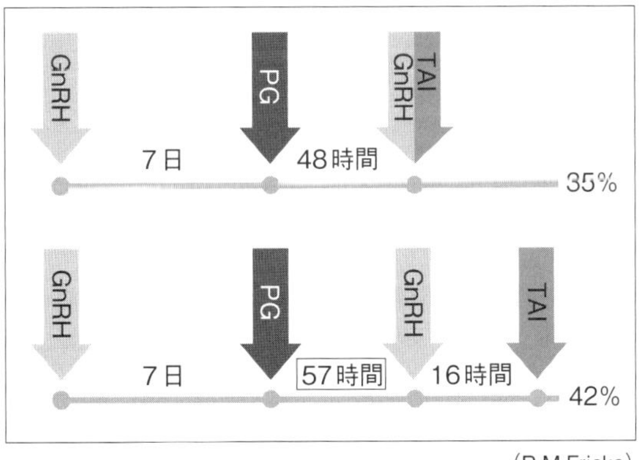


（P.M.Fricke）

図9-19　ハイブリッドシステム

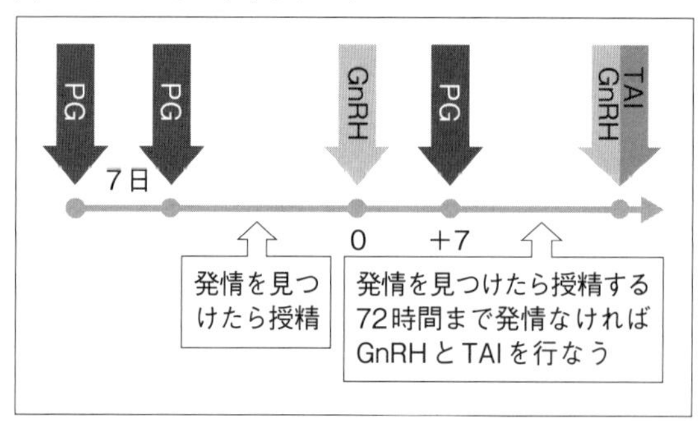


（Select Sir資料より）

### 5）ハイブリッドシステム

これらのことを考え合わせると、図9-19のような考え方が出てきます。プレシンクの2回のPG投与後に発情を示すものには積極的に授精をし（ターゲットブリーディングもしくはプレシンク）、そこで発情の見つからないものは、その12日ないし14日後〔修正（整）プレシンク／オブシンク〕にオブシンクを開始します。さらに（プレシンクをするかどうかは別としても）、そのオブシンクに関してはPG投与後から授精に関して、より発情発見をしっかり行ないながら授精可能なものは授精をし、それでも見つからないものに関しては､3日後にGnRH投与と授精を同時に行なう（コシンク72h）という型が出てきます。すなわち、プレシンク／オブシンク、セレクトシンク､コシンク72h（もしくはオブシンク57h）のハイブリッド型です。これによって、プレシンクによる妊娠牛の確保とオブシンク開始の最適化、多くの牛がスタンディング状態で授精できること（セレクトシンク）、そして最終的には100％の授精が可能となり、コストの削減も可能にします。このシステムのフィールドデータは持っていませんが、ある意味、理想的な妥協案かもしれません。

*

ここまでホルモン剤の利用に関して述べてきましたが、これは決してホルモン剤主導による管理を積極的に推進するためのものではありません。あくまで治療（処置）と管理の考え方の流れ、あるいは例を示したもので、それらを利用するときも、獣医師と酪農家が、より効率的に行なえる手助けになると考えてのことです。基本は、再三述べているように、**発情の牛を見つけて授精する**という100年以上変わらず続けていることです。

## 6）オブシンク進化（深化）の歴史とアメリカにおける繁殖の急速な改善

図9-20は、アメリカの乳牛検定における分娩間隔と空胎日数の推移を示していますが、この10年ほどで急速に改善していることがわかります。図には示されていませんが、受胎率も長年低迷していたものが2013年には数%ですが回復しています。

さらに図9-21は、アメリカでの1960～2010年の娘牛妊娠率と乳量の推移を示しています。乳量は1頭当たり1万2000kg（乳検加入牛のみだと思われる）まで一貫して伸びているなで、娘牛妊娠率の急速な回復が見て取れます。これまで乳量の増加が繁殖低下の大きな原因とされてきたなかで、何が起きているのでしょうか？ 二つの要因があげられています。一つ目は、ゲノム解析の精

図9-20　DHI 繁殖の推移 USA

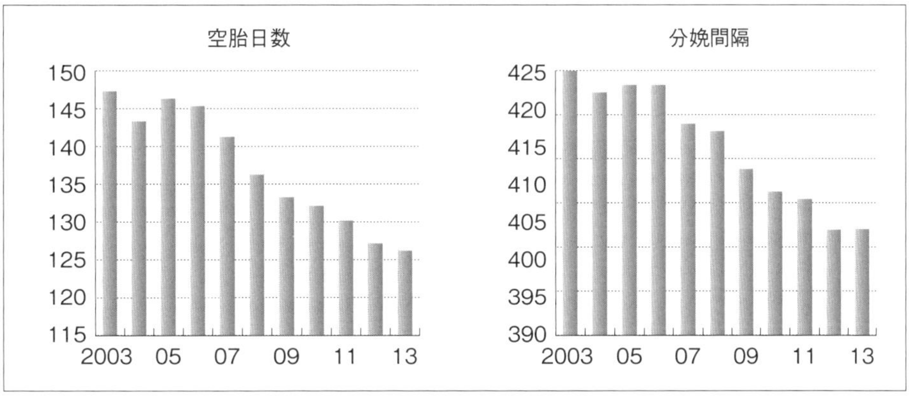

空胎日数

分娩間隔

（Council on Dairy Cattle Breeding）

図9-21　アメリカでの娘牛妊娠率と個体乳量の推移

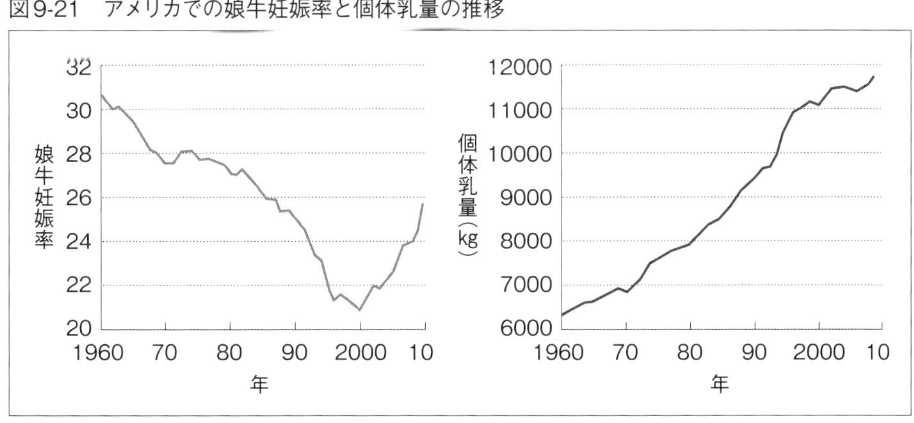


（USDA）

度向上と普及による娘牛繁殖性の改善、二つ目は、めざましいプレシンク・オブシンク・リシンクによる受胎率の向上と、その普及によるところが大きいと考えられています。ゲノム解析に関しては、本章10-2）と10-3）のジェノミックによる繁殖改善を参照いただき、ここではオブシンクとその周辺技術の進化（深化）について過去から現在に向けて考察していきたいと思います。

ウィスコンシン州立大学のP. Frickeは、そのセミナーの題目を、「30：30を達成するための四つのキー」としています。「30：30」の意味は、「乳量30千ポンド（1万3600kg）で30％妊娠率を達成する」という意味で、実際に、それが達成できている農場を紹介しています。はたして何がアメリカで起きてきたのでしょうか。1995年に登場した「オブシンク」というプログラム授精を通して、その答えを探ってみましょう。

＊

まずは、オブシンクの歴史をたどってみます。

（1）オブシンクのための重要な発見

①PGの利用による黄体退行と発情の誘起

1970年代初期に、牛へのPG利用が報告された。このことにより、それまで黄体を手指で物理的に除去したり、ヨード剤の注入によって黄体退行をさせていたものが、卵巣や子宮にダメージを与えることなく容易に黄体を退行させ、発情誘起できるようになった

②GnRH（Gonadotropin Releasing Hormone）による排卵誘起と黄体形成

GnRHも1970年代初期に乳牛に利用できるようになった。この注射用薬剤によって、LHサージとそれによる排卵をコントロールできるようになった。もちろん、その後に黄体化が起きることも含まれる。この排卵と黄体形成を、このGnRHによって、より容易にコントロールすることができるようになった。

③超音波診断装置（US）と卵胞波の発見

1980年代後半に発情周期のなかで、卵巣の卵胞がいくつも発生し消えていく、いわゆる卵胞波が発見された。これらは超音波装置の利用によるところが大きく、発情周期コントロールの概念を飛躍的に発達させた。

この黄体退行（PG）と排卵（GnRH）、そして卵胞波という三つの技術的・

生理的な要因が合体し、1990年代半ばに、「オブシンク（Synchronization of Ovulation 排卵の同期化：Ovsynch）」が開発されました。そして、瞬く間に世界中で利用されることになり、これが繁殖性の低下に苦しむ世界の酪農業界にとって大きな福音となったのです。この排卵同期化の理論と実際の進化（深化）が、アメリカにおける繁殖性回復と歩調を合わせることになります。

*

オブシンク発明の主役である、Milo WiltbankとRichard Pursleyのオブシンクにまつわるエピソードがあります。彼らは、PGとGnRHを利用することによって排卵と授精のコントロールが可能であるという、オブシンクという仮説を立てて、10頭の牛にそれを行ないました。すると何と、そのうちの7頭が妊娠したのです。これに驚いて、もう一度、10頭の牛を購入して実験したところ、今度は3頭の牛しか妊娠させることができませんでした。しかし彼らは、この排卵を、最後のGnRH投与から24～32時間にコントロールできるという事実に大きな期待を持って研究を続けました。そして、この非常に狭い時間幅での排卵コントロールは、初回のGnRHによる新しい卵胞波と2回目のGnRHによる共同作業であることを証明していきました（どちらが欠けても良い成績にならない）。

### (2) オブシンクによって授精率（授精リスク）は向上したが、受胎率は改善していないという事実

上述したように、1980年代初期にPGやGnRHがマーケットに登場し、1995年にそれらを利用した「オブシンク」という排卵をコントロールする技術が登場し、繁殖コントロールの方法が急速に変化しました。この「オビュレーション・シンクロナイズ（排卵同期化）」は、その排卵を2回目のGnRH投与から24～32時間以内にコントロールできるという画期的な方法でした。これにより、大規模化や高泌乳による発情徴候や発情持続時間の減弱などによって低減し続けていた発情発見と、それに伴う授精率の低減問題を大きく改善することに成功し、妊娠率向上の大きな福音として一気に普及しました。

農場の繁殖パフォーマンスは、「**妊娠率（授精する速度）＝授精リスク（発情見率）×受胎率**」で決定することは周知のことです。オブシンクは、授精リ

スクを飛躍的に伸ばすことによって、その妊娠率を向上することには成功したものの、もう一方の要である受胎率に関する調査から、一般的な発情授精とオブシンク授精に受胎率の差がないことが報告され（39% vs. 38%）、2005年に発表されたメタ解析でも同様な結果を得ることになりました。すなわちオブシンクは、妊娠率の向上に対し授精率の向上という面から大きな役割を果たしたが、もう一方の要素である受胎率を向上させるというところまではいっていない、ということでした。そこから、今度は、このオブシンクにおける受胎率を向上させるための、さまざまな研究が世に送られることになったのです。

(3) オブシンク受胎率向上の研究

①GnRH（G2）投与から授精までの間隔の改善

**オブシンク・プロトタイプ（Pursley, 1995）〔GnRH（G1）…（7日）…PG1…（48時間）…GnRH（G2）…（24時間）…授精〕**

1995年のオブシンクのプロトタイプは、上記のように、2回目のGnRH（G2）投与から授精までは、わかりやすく24時間（1日）となっていました。

しかし、**図9-22**に示されるように、「G2後の授精までの間隔は16時間が最も良い」という報告を、オブシンクの開発者自らが1998年に報告し、その後、このG2から授精までの間隔は、今日まで変更されずに利用されています。ただし、その詳細をよく見ると、確かに16時間が最も良い結果になってはいるものの、GnRHと同時に授精を意味する0時間でも32%の受胎率を示し、プロトタイプに示された24時間でもやはり32%の受胎率が示されていて、全体としての差が大きくはないものです。いずれにしろ、16時間という間隔は、授精を午前に持ってこようとすれば、G2は前日の午後ということになります。

図9-22　オブシンク　2回目のGnRHからAIまでの時間

| | 0 | 8 | **16** | 24 | 32 |
|---|---|---|---|---|---|
| 数 | 149 | 148 | 149 | 143 | 143 |
| 受胎率(%) | 37 | 41 | 45 | 41 | 32 |
| 妊娠ロス(%) | 9 | 21 | 21 | 21 | 30 |
| 分娩率(%) | 32 | 34 | **36** | 32 | 23 |

(Pursley 1998)

こうしたオブシンクの受胎率に関する地道な研究がスタートしました。

②PG投与からGnRH（G2）投与までの間隔の改善

次に改善されたのが、PG（P1）を投与して2回目のGnRH（G2）を投与するまでの間隔でした。これは、

PG投与後48時間でGnRH（G2）と同時に人工授精したときと（コシンク48、1997年）、72時間でG2と同時に人工授精したとき（コシンク72、1998年）の成績を調べたもので、結果、コシンク72の受胎率が高かったことに着目したことによります（2005年）。このとき、おそらくPGを投与してG2を投与するまでの黄体退行の時間と卵胞の発育（成熟）の時間が影響しているのだろうと考えられました。検証の結果（2008年）、「PGとG2の間隔は56時間がベスト」という結果になりました。これを「オブシンク56」と呼ぶことになり、以来、このオブシンク56で示された、PG～G2まで56時間、G2～授精まで16時間というセオリーは、今日まで利用され続けている方法論で、これらがオブシンクの受胎率向上に寄与することになったのはいうまでもありません（図9-23）。

図9-23「オブシンク56」の開発

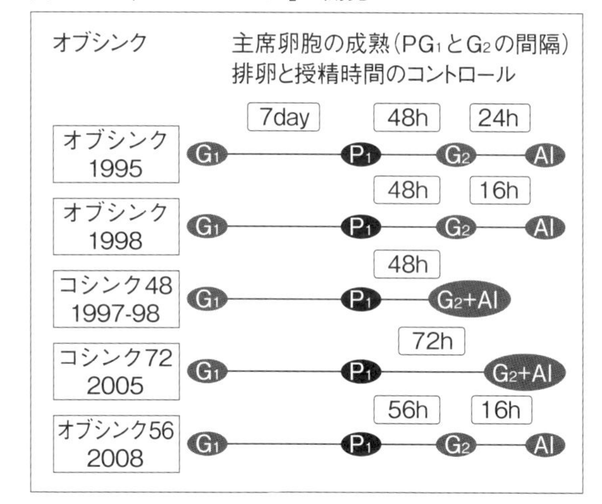


③最善のオブシンクスタート〔初回GnRH（G1）投与〕を切るための条件の研究

オブシンク普及初期の研究で、Vasconcelos（1999）やMoreiraら（2001）は、「オブシンクをスタートする時期は、黄体期早期から黄体中期に始める、発情サイクルにおける5～12日が良い」と報告しました。これは、サイクルの1～4日では、GnRHに反応する卵胞がなく、新しい卵胞波の発生に失敗することが大きな要因とされています。また同様に、サイクル13～17日でのオブシンクは、プログラム中に黄体退縮が始まってしまうことと、それによって2回目のGnRH（G2）を打つ前に発情が来てしまうことが問題になります。さらにサイクル18～21日の開始は、プログラム中の黄体の完全な退行によってPGの投与反応に完全に失敗することがあげられています。これらのことから、この時点でのオブシンク開始の最適な発情周期日数は、発情サイクルの5～12日とされました。しかし、その後の研究から現在では、より良い受胎率をあげるには、「発情サイクルの6～7日」とさらに限定されるに至っています。これらの工夫とその後の処置の変更について、引き続き、その研究の歴史に触れてみましょう。

### (4) 初回GnRH (G1) に反応する卵胞とLHサージ

**～TAI開始における初回GnRH (G1) に対する反応で一番良い時期を探る～**

〔オブシンク：G1…（Day7）…PG1…（Day2 or 56h）…G2…（Day1 or 16h）…TAI＝GPG〕

前述したように、オブシンク開始の推奨は、「サイクルの5～12日くらいがベストである」という研究がVasconcelos（1999)、Moreira（2001）によって報告されました。理由は以下のとおりです。

D1～D4：G1による新しい卵胞波発生に失敗しやすく、その影響からG2による排卵後の黄体ホルモン（以下、$P_4$）の生産も落ち受胎率低下。

D13～D17：この時期に開始すると、プログラム中に黄体の退縮が始まり、G2前の発情とTAI前の排卵が起きやすい。

D18～D21：黄体が退行してPG1注射に失敗する。

これらの理由から、オブシンク開始時期は、黄体期の早期から中期（early to mid luteal phase)、すなわちD5～D12が良いとされました。しかし、その後もさらに、オブシンクによる受胎率向上のためのベストなタイミングを探る研究が続けられました。

#### ①卵胞波とG1排卵率

**～D5での開始（G1）は早すぎる!?～**

まず、G1に対する卵胞の排卵に対する研究です。オブシンク開発者のPursleyらが、G1に対する排卵率がサイクルの6～7日目でより高くなることを示しました。ランダムにPGを投与（PrePG）後2日目にGnRH（PreG）を投与してから、さらにその後4日目、5日目、6日目にオブシンクを開始（G1）して、その排卵率を調査しました。結果、それぞれの排卵率は56%、66.7%、84.6%となり、サイクルしている牛における6～7日目が、よりG1に対する反応が良いことがわかりました（図9-24)。オブシンク開始が5日より6日が優ることが示唆されました。また、このG1によって排卵した牛は、その後のPGに対する反応もより強かったことが報告され（92.7 vs. 77.1％）、オブシンクの受胎率を高めるには、発情サイクルにおけるDay5の開始（G1）は避けたほうがよいことが示唆されました。

オブシンクを開始（G1）する6日前にGnRH（PreG）を投与する、いわゆるG6Gの有効性は、その卵胞波と排卵に対する関連と同時に、非サイクル牛への有効性も含有するものでした（後述）。

図9-24　オブシンク　初回GnRH（G1）による排卵率の重要性

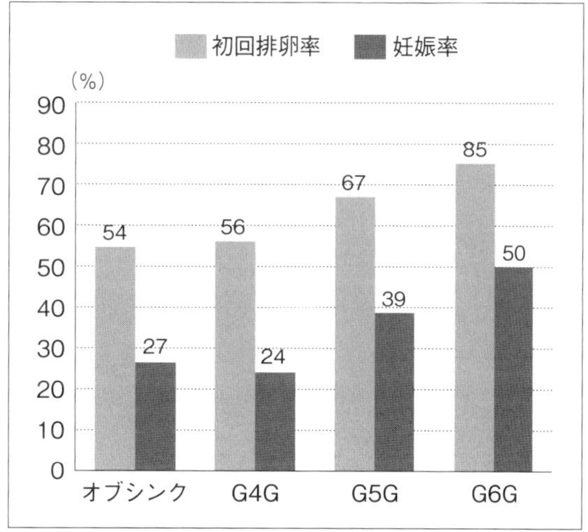


（Bell NM & Pursley JDS 2006）

図9-25　初回GnRH（G1）時の$P_4$の影響

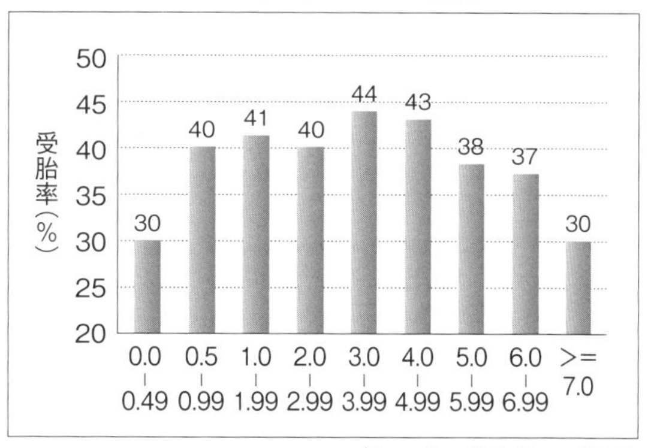


（Carvalho JDS Abstr. 2015）

**②黄体値が高いときのG1における排卵率の研究**
**～D8以降のオブシンク開始は黄体値が高すぎる!?～**

**―最初のGnRH(G1)時の黄体値($P_4$)は、中間的なのが良いことがわかった（低すぎても高すぎてもだめ）**

一般的に、オブシンクを開始すべき発情サイクル期間には黄体が存在しますが、このときの黄体値（$P_4$）とGnRH（G1）との相性が研究されました。

**図9-25**は、G1（初回GnRH）とG1時の$P_4$（黄体）値の関係を示しています（Carvalho, 2014, 2015）。G1時に黄体値が低すぎても高すぎても、その受胎率は良くないことがわかったのです。黄体値が低すぎるのは、発情周期がまだ早すぎることや、そもそもサイクルしていない牛（無排卵牛：黄体ができない）

の可能性があります。逆に、黄体値が高すぎて受胎率が落ちるのは、オブシンク開始が遅すぎて、7日後のPGのときには、すでに黄体の退縮が起きてしまい、PGに対する反応が悪くなっていることが示唆されました。したがって、**図9-25**からもわかるように、オブシンクの開始時期は黄体値（$P_4$）3～5ng／mℓの時期が良いとされました。この$P_4$＝3ng／mℓというのは、サイクルでいうところの7日前後に相当します（Giordano, 2012）。

さらに、このG1開始時と$P_4$との間には、別の問題も含まれていることがわかってきました。

**③黄体値（$P_4$）が高いときにGnRHを注射しても排卵を促すLHサージが起こりにくい**

**～8日目以降でのG1には要注意～**

**図9-26**は、$P_4$が高いとき（3.5～3.6ng／mℓ以上）と低いとき（0.5ng／mℓ以下）に、GnRH注射によるLHサージ（排卵誘起）のレベルを容量別に表しています（100μg＝2mℓ、200μg＝4mℓ）。

図9-26　$P_4$の高低とLHレベル

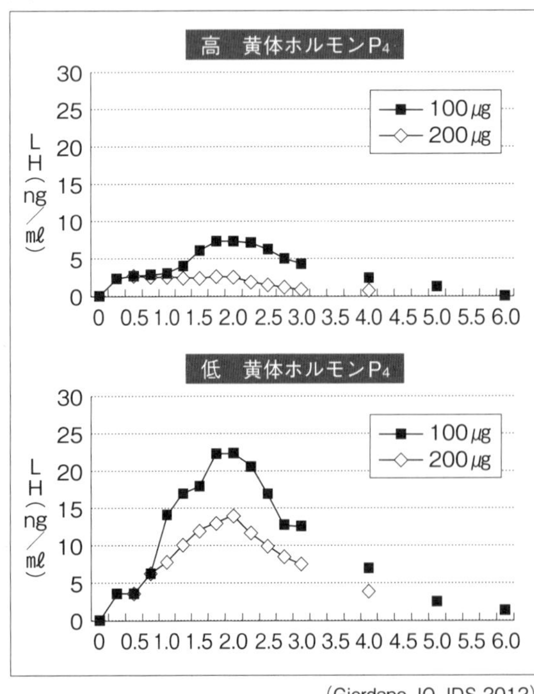


（Giordano JO JDS 2012）

GnRH（G1）注射によるLHサージ（排卵）誘起は、その容量が大きいほど、そして$P_4$が低いほど高くなることがわかります。したがって、$P_4$がより高いときにGnRHを注射しても、思うようなLHサージが起きずに、それによって排卵する確率も低下することが理解できます（新たな卵胞波が起きにくくなる）。とくに、われわれが通常使用する容量としての100μg（2mℓ）では、その影響がより大きいことがうかがえ、$P_4$がより高くなるサイクル8日目以降では、その効果が顕著に落ちてしまうことを意味しているようです。したがって、この時期にG1の投与量を50μg（半量）にしてしまうようなことは、かなりリスクのあることが容易に想像でき、容量の遵守と適切な投与が重要であることがわかります。いずれにしろ、P4がより高くなる8日目以降のサイクルでのオブシンク開始（G1）は、受胎率低下リスクが大きくなります。

図9-27　P4濃度別受胎率と低P4値の割合

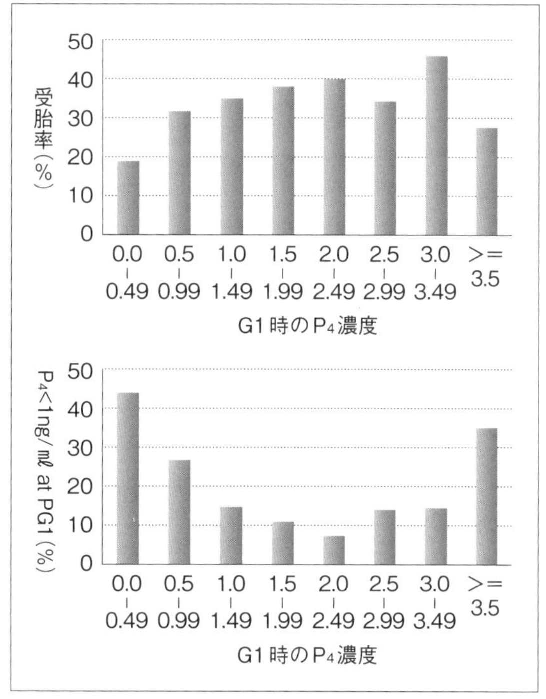


（Giordano JO JDS 2012）

**図9-27**は、**図9-25**と同様、G1時のP4濃度別受胎率（上段）と、PG1注射時にP4値が1ng／mℓ以下の割合（機能性の黄体が存在しない＝下段）を比較して示しています。まず、G1時にP4が低すぎるものの多くが、PG1の時にもP4が上がっていないものが多いことから、それらの多くにノンサイクル（サイクルせず、黄体ができない）牛がかなり含まれていて、当然、これらの受胎率が低いことは理解できます。一方、黄体値がG1時に3.5以上あるグループでは、前述したように、PG1のとき、すでに機能性の黄体がなくなっているものが多く、これらの受胎率が低下していることが理解できるし、当然G1による排卵確率が低下していることも要因の一つになっているものと考えられます。すなわち、P4が1～3.5ng／mℓ程度のときにG1が開始されれば、PG1投与時には、より機能性の黄体が存在している率が高く、それらのグループで受胎率が安定的に高くなるということです。まさに、この時期がサイクルでの6～7日目ということになります。

**図9-28**は、G1に対するP4値と排卵率の関係を上段に、そして下段にG1時P4値と受胎率の関係が示されています。G1時にP4値が高くなればなるほど、

図9-28　G1に対する$P_4$値と排卵率および受胎率

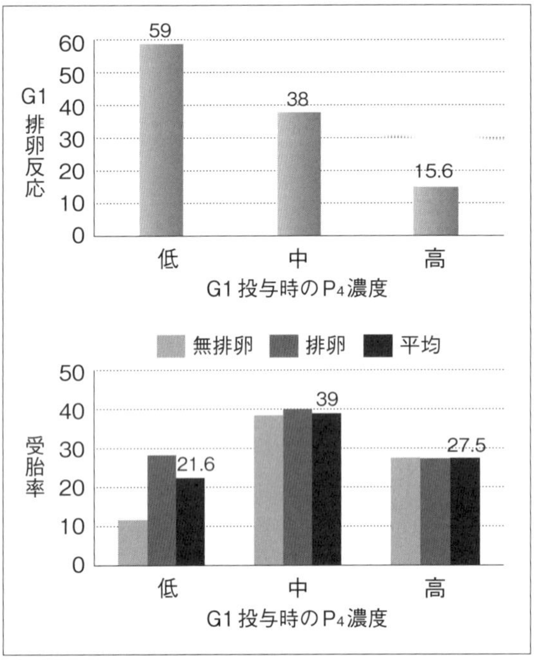

(Giordano JO, Fricke P JDS 2012)

G1に対する排卵確率は低下するものの、受胎率はG1時に中程度（低すぎず高すぎない）のタイミングで行なうことが重要であることがわかります。ただし、G1時に低$P_4$のときなど、排卵したもののほうが、はるかに受胎率が高まっていることも忘れてはなりません。**図9-27・28**の調査をしたGiordanoも2013年には、**図9-29**のように$P_4$による影響下でのG1による排卵の重要性を報告しています。

図9-29　G1投与時の$P_4$別排卵率および受胎率

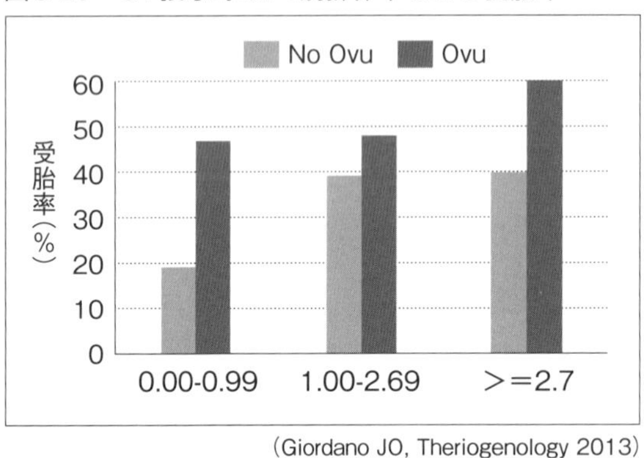


(Giordano JO, Theriogenology 2013)

これらから、「オブシンク開始を、まずは遅らせすぎない（黄体中後期）ことが重要である」ということが理解でき、サイクルの8～10日目以降での開始は、受胎率低下のリスクが高くなります。したがって、オブシンク（G1）は、サイクルの6～7日目に開始することが推奨され、サイクルをそこに持っていくための工夫が、さらに進められてきました。それが「プレシンク」と呼ばれるもので、さまざまな方法が開発されました。（後述）

(5) オブシンクにおけるPG（PG1）による黄体退行作用と受胎率

①PG注射時の$P_4$と受胎率

―$P_4$はPG時により高いほうが良い

オブシンクの主要な目的は、①新しい卵胞波の発生、②黄体の退縮、③主席卵胞の排卵です。この②黄体を退縮させるためにPGを投与することは、誰もが知っていることです。しかし、このPG投与時の$P_4$（黄体ホルモン）値と受胎率にも重要な関係があることを理解する必要があります。

図9-30　PG注射時の$P_4$の影響

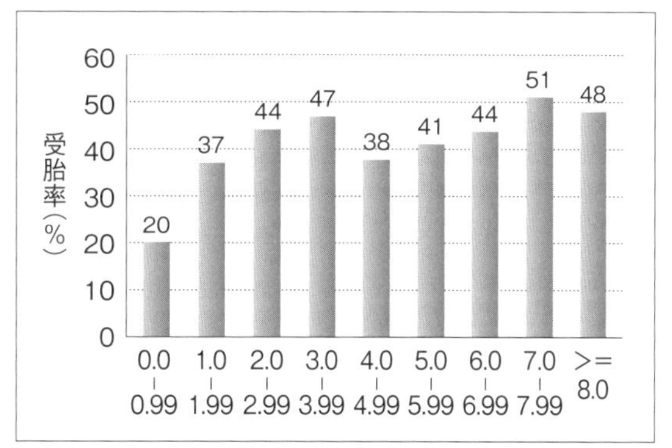


（Carvalho JDS Abstr. 2015）

図9-31　オブシンクの開始（Day0=G1）と7日後（Day7=PG1）黄体の数と成熟

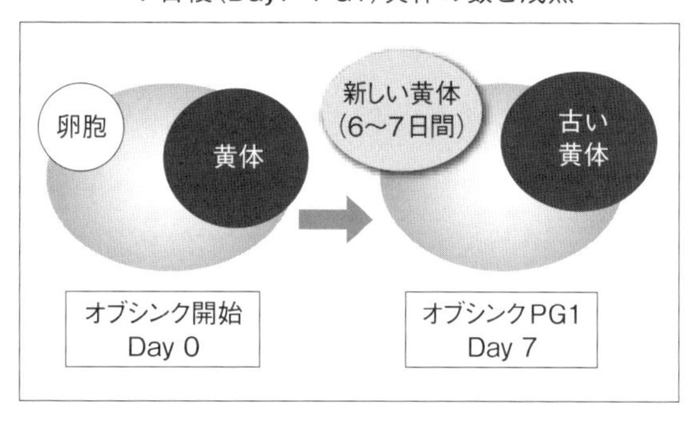


図9-30は、TAIにおけるPG注射時の$P_4$値と、その受胎率を濃度別に示しています。当然ですが、PG投与時に$P_4$値が低いと受胎率は低く、高いと受胎率は増加しているのがわかります。PG投与時には、よりしっかりと$P_4$値が上昇していること（機能性黄体の存在）が重要です。したがって、オブシンク開始7日後には、成熟した機能性黄体の存在と、これにG1投与によって形成されたDay7（d7）の新しい機能性黄体の両方あることが望ましいものとなります（図9-31）。

しかし、この成熟した黄体と新しい黄体のPGに対する反応性には大きな違いがあり、この新しい黄体がPGへの感受性が十分にない（PG耐性）場合があることが、オブシンクの受胎率を向上させるうえでの次の問題点として浮上しました。

### ②黄体のPGに対する感受性は5日目（D5）で低く、6日目（D6）で急速に高まる
### —Day7の黄体でもPG感受性にはばらつきがある

図9-30に示したように、PGを注射するときには、より高い$P_4$のときのほ

うが受胎率の良いことがわかっています。これは、$P_4$が高いということは、その黄体が成熟していることを示していて、これら成熟した黄体はPGによく反応します。一般的に、泌乳牛におけるDay7の黄体はまだ新しいといいながら、PGに対する感受性は十分ありますが、当然ながら、そのPG感受性も成熟度のステージも牛によりばらつきがあることも容易に考察できます。

黄体のPGに対する感受性はDay5までは低く、D5からD6にかけた、このわずか24時間に、その感受性を獲得すると考えられています（Anibal, 2014）。したがって、このPG感受性が、いまだ低い5日目までの時期にPGを投与しても、$P_4$は一旦下がりますが、その後、再び上昇（黄体が回復）してしまいますので（Miyamoto, 2005、Anibal, 2014）、Day5でのPGは避けなければなりません（育成牛は除く）。

しかし、サイクル6～7日目の黄体のPGに対する反応も、一貫してすべてが良いわけでありません。**図9-32**は、PGに対する退行能をすでに十分獲得していると思われるD7黄体へのPG反応を、牛のステージごとに示しています。育成牛や非泌乳牛では、高いPG感受性を示していますが、泌乳牛では66％と十分ではなく、ばらつきの多いことが理解できます。

そこで、これらの牛に対するPGの反応を確実にするために、いくつもの試験が行なわれました。Brusveen（2009）は、泌乳牛オブシンクにおけるPGを24時間間隔で2回投与することによって、黄体退行が、コントロール（PG1回）では84.4％（PG1）だったのに対し、2回投与群は95.6％（PG1 & PG2）となり、オブシンク受胎率が向上（41.5 vs. 44.7％）したことを報告し、PGによる$P_4$の低下を、よりすばやく行なうことによって受胎率が向上することを示唆しました。また、Valldecabres（2011）は、早期黄体に対してPGを2倍量投与（ダブルドーズ）することによって、黄体退行が促進することを報告し、さらにAnibal（2014）は、非泌乳ホルスタインのDay5黄体に対して、PG1ショット、PG2ショット、PGダブルドーズ（2倍量）1ショットの比較をしました（**図9-33**）。これによって、PG1ショットよりPGのダブルドーズ、さらに

**図9-32　Day7黄体に対するPG反応性の違い**

| | |
|---|---|
| ・育成牛 | 88% |
| ・非泌乳牛 | 90% |
| ・泌乳牛 | 66% |

(Momont HW University of Illinois 1984)

はPG2ショットがより黄体に強く影響することを報告しましたが、このD5黄体は、PGによって一旦退縮したように見えたのですが、その後、完全に回復してしまうことも明らかにしました（図9-34）。

このように、成牛ホルスタインに対するD5でのPG投与は難しいことと、泌乳牛におけるDay7でのPG反応にもばらつきがあって、結果として、それが受胎率の不安定化につながっていることが示唆されました。

図9-33　PG投与と$P_4$の関係（Day5黄体とPG）

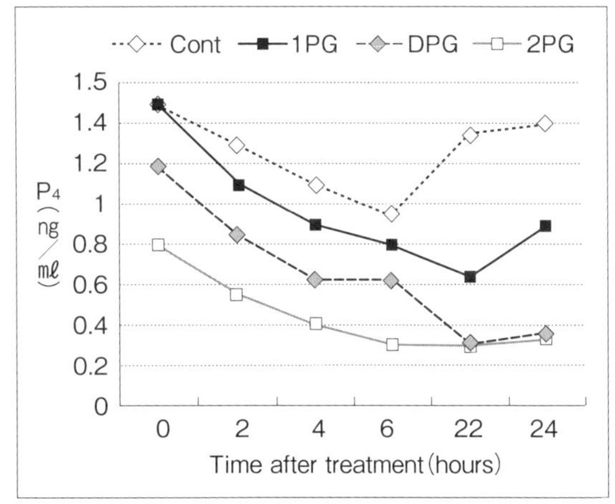


（Anibal B. Wiltbank MC. Theriogenology 2014）

図9-34　Day5黄体に対するPG処置別$P_4$濃度の推移

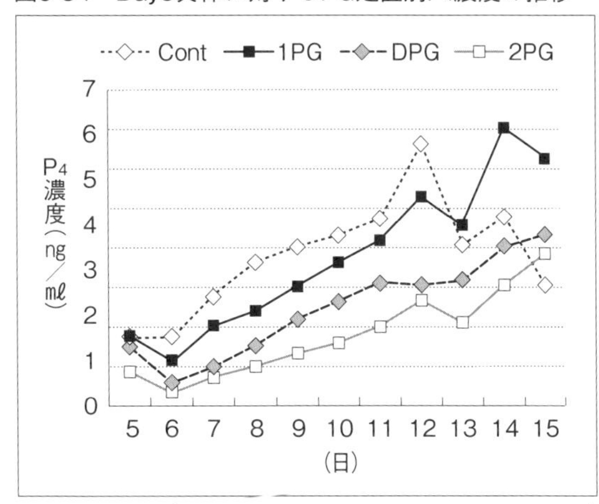


（Anibal B. Wiltbank MC. Theriogenology 2014）

### ③黄体を完全に退行させることによってオブシンクの受胎率は向上するか？ ―PGを2回投与（2日連続注射）することは有効か？

そこで、ウィスコンシン州立大学のBrusveen（2009）らは、オブシンクにおいてPGを2回投与する方法を試みました（G1…7d…PG1…24h…PG2…56h…G2…16h…TAI）。結果は、G2時に黄体が完全に退縮したものは、本来のPG1回のグループ（コントロール）が84.6%であったのに対し、PG2回のグループでは95.6%でした。また、その受胎率は、コントロールが41.5%に対し、PG2回グループでは44.7%となり、PGの2回投与によって一定の受胎率向上は見られたものの、残念ながら、このグループ間に統計的な有意差は出ませんでした。

しかし、その後、フロリダ大学のRebeiro（2012）らが、プレシンクを含む

5dayオブシンク（PG…2d…G…6d…G1…5d…PG1…1d…PG2…2d…G2+TAI）において、PGの2回注射が極めて有効であることを報告しました。

さらに、ウィスコンシン州立大学のWiltbank（Anim, 2014）らは、オブシンクにおける授精時のわずかなP4値の上昇は、黄体退行が不十分なことにより、それが受胎率を下げていることを改めて示唆しました。同時に、P4値の閾値に関して（1ng／mℓというカットポイント）にも言及しました。すなわち、受胎率へのP4濃度の影響を、1ng／mℓ単位より低く、より詳細なレベルで考えることの重要性を指摘したのです。そこで、カンサス州立大学のStevensonらは、オブシンクの6日目（G1＝d0としてd6＝PG1）にPGを通常の2倍量を投与したものと、オブシンクの5日目（d5）と6日目（d6）の2回PGを通常量投与したものとを、そのカットポイント値も考慮しながら比較しました（G1…5d…PG1…1d…PG2…2d…TAI or G1…6d…PG1（2dose）…2d…TAI）。

**図9-35**からわかるように、一般的に機能性黄体があるとされるP4＞1ng／mℓをカットオフポイントで考えると、PGを大量（2倍量）に投与しようが、2回に分けて投与しようが、黄体退行に差を見つけることができませんが、それをさらに＜0.5ng／mℓを境（カットオフ）に見てみると、PGの2回投与が有意にそのP4を下げていることがわかりました。さらに、オブシンク開始G1とPG1間のP4値の推移によって、グループを無発情牛（Anestrus）、サイクル後期（Late cycle）、サイクル早期（Early cycle）、新しい黄体だけ（New CL：オブシンク開始時に黄体なくPG1のときに黄体が出現している）に区分して検証しました（**図9-36**）。先に示していたように、オブシンクはサイクルの早い時期（6～7日）に開始されたものの成績が抜群であることは当然の結果として、このG1の排卵によってできた新しい黄体だけがあ

図9-35　PGの2回投与と1回2倍量投与

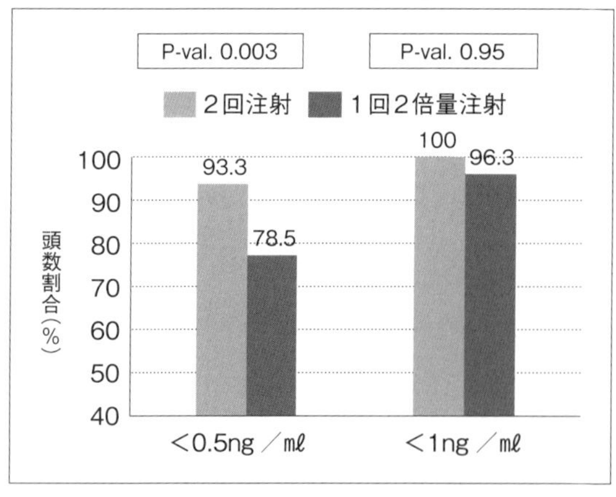

（JS Stevenson 2014 JDS）

るグループでのPG2回注射の効果が極めて高いことがわかりました。オブシンク開始のG1のときに排卵が生じて新しい黄体ができたときに、PGの1回投与では、十分に黄体が退縮しないケースがあり、G2時の$P_4$値が下がりきらないことが、その後の受胎率に大きく影響し、なかにはPG1に新しい黄体だけが存在するケースに対して、PG1だけでは十分でないケースがあることが示されたのです。

図9-36　PGの2回投与と1回2倍量投与受胎率の比較

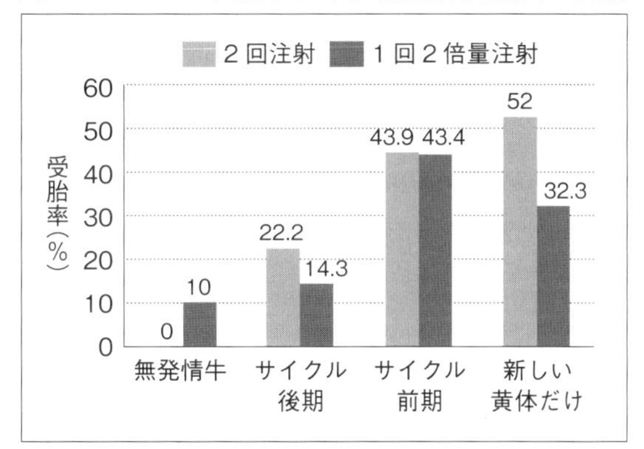


（JS Stevenson 2014 JDS）

図9-37　G2時における$P_4$の影響　Preg/AI

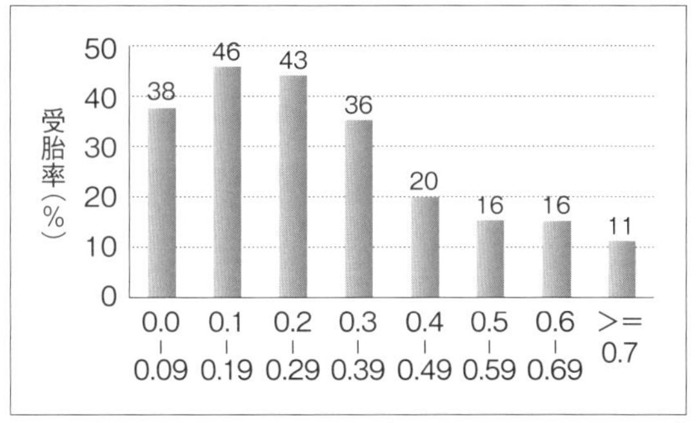


（Carvalho JDS Abstr. 2015）

### (6) オブシンクにおけるG2注射時の$P_4$と受胎率 —$P_4$はG2時により低下したほうが良い

図9-37は、オブシンクにおける2度目のGnRH（G2）時の$P_4$値と受胎率の関係を示しています。この図から、G2時の$P_4$が低いほど受胎率が高まり、一方で$P_4$が0.5ng／mℓ以上での受胎率は急速に低下していることがわかります。これは、前述したように、PGによって十分に黄体を退縮させることができない場合があることを示しています。$P_4$がしっかりと下がらなければ、その排卵確率も低下するし、卵胞そのものの質の低下を招いていることが理由として考えられます（Brusveen, 2009、Giordano, 2012, 2013）。

卵胞の成熟にはLHが必要となりますが、$P_4$はこのLHパルスを減少させます（Rahe, 1980、Rava and Butler, 1996）。したがって、G2時に$P_4$が高いことは、LHパルス減少による排卵卵胞の質の低下と、LHサージの抑制による排卵率低下が同時に起きている可能性もあります。

さらには、$P_4$の不十分な低下が、精子や卵子の移動と関係の深い、子宮の収縮や卵管の太さに影響し（Hunter, 2005)、さらには胚盤胞形成や、その後の受精卵の発達へのリスクを増大させ、繁殖性を低下させると理解されています（Silva and Knight, 2000)。

### (7) オブシンク成功の条件

これまでの研究結果を総合的に判断し、オブシンクの受胎率を上げる条件を整理します。

①オブシンク開始G1は、$P_4$が低すぎず、高すぎない、$P_4$ 3～5ng／mℓのとき。GnRHに反応する卵胞があるとき。すなわち発情サイクルの早い時期（6～7日）

②PG1投与のときには、$P_4$がしっかり高いこと。機能性の古い黄体と新しい黄体が同居。PGは1回投与より2回投与（PG2）がより有効な場合がある。

③G2時には、$P_4$値がしっかりと0.4～0.5以下になっていること。PG1からG2までの間に$P_4$が速やかに低下することと、低下するまでの十分な時間が必要。卵胞が生育する十分な時間が必要であり、48時間（2日間）よりも56時間（1.5日）が望まれる。

④G2から授精までの時間は、おおよそ16時間が推奨される。

### (8) オブシンクを成功させるためのプレシンクと非サイクル牛の問題 —PG2ショットによるプレシンク

これまで話したように、オブシンクによる受胎率を高める最も重要なポイントは、その開始時期にあります。そこで、その開始時期を、サイクルの6～7日目（あるいはサイクル早期6～8日）に持っていくための、さまざまな工夫がこれまでに行なわれてきました。これが「プレシンク」という方法です。

最も代表的なプレシンクがPG2回注射で（PG…14d…PG…0～12d…G1…7d…PG…56h…G2…TAI)、2度目のPGを投与して10～12日目からオブシンクをスタートすることで、PG投与から3～4日後に発情が来て、その後排卵すれば、その10～12日後のオブシンクスタート（G1）にサイクルの6～7日目になることを目的としているのですが、実際のサイクルは、そう思惑どおりにはいきません。

図9-38は、PGを14日間隔で2回注射したプレシンク（以下、PreP2）において、2回目PG注射後の発情分布を示しています。発情は広く分布していて、確かに83％の牛がd2～d6に入ってきますが、例えば、その14日後にオブシンクを開始すると、その開始サイクルはd8～d12というサイクル幅に入ることになり、これまでの理論からすると、そのほとんどが遅すぎる開始となってしまいます。また逆に、10日後の開始であれば、これはd4～d8となり、その50％は理想的なサイクルに入ってくることになりますが、残りの50％は早すぎるものが多くなり、結果としていまだ十分とはいえません。

図9-38　プレシンク後の発情分布

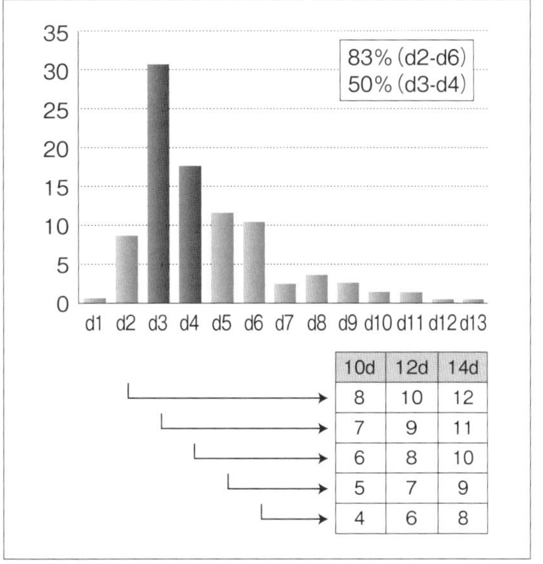

(Chebel 2006)

図9-39　PGによるプレシンクの成績

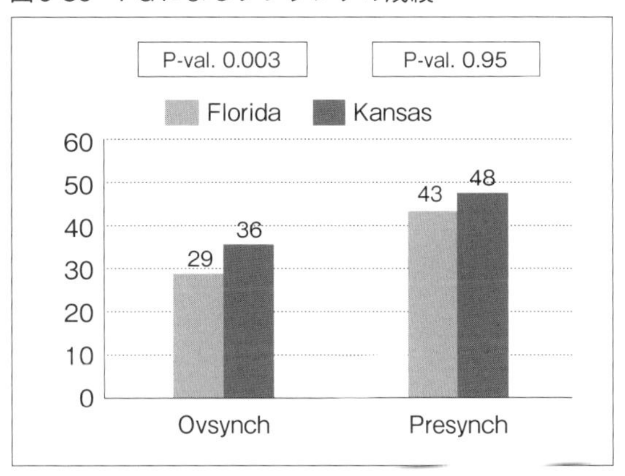

(S.Z. El-Zarkouny and J.S. Stevenson, unpublished)

図9-39は、プレシンクとして2週間間隔でPGを2回打ち、その2回目PGから12日にオブシンクを開始しています。フロリダとカンサスの2州で行なわれていて、問題を含みながらも、それぞれにPrePG2による成績が向上することを報告しています（図9-40）。

また、Galvao（2007）らは、このPrePG2における、2回目PGからオブシンク開始までの期間を14日と11日での受胎率を比較し、d11（36％ vs. 30％）での成績が良いことを報告しています。前述したように、14日後の開始は、理

図9-40　オブシンク プロトコール

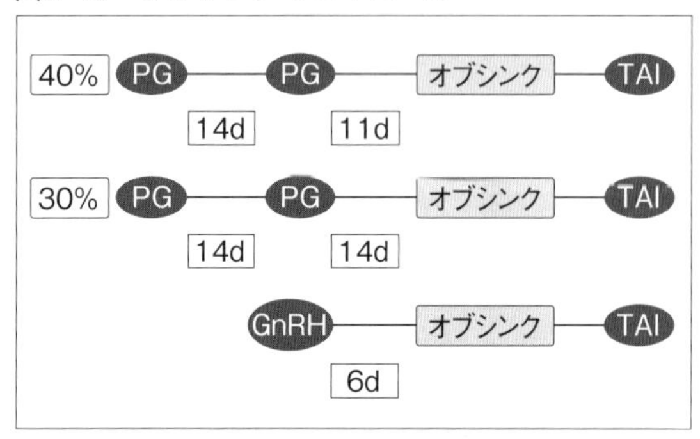

(Galvao 2007, Bell 2006)

論上83％の牛がd8～d12となり、すべてが遅すぎることになりますが、d11であれば、その開始はd5～d9と、多くの牛がより理想的な範囲に収まる確率が高まることによるものと思われます。

ウィスコンシン州立大学のグループも同時期に、PrePG2によってオブシンク受胎率の向上を報告していますが、G1とG2時における排卵率には有意差のないことも指摘しています(Navanukraw, 2004)。いずれにしても、**図9-38**からもわかるように、より受胎率を上げるためのオブシンク開始のベストサイクルであるd6～d7には、まだ誤差が大きいことになり、そのプレシンクによる調整がうまくいけば、さらにオブシンクによる受胎率を上げることができるかもしれないとしています。

また、Navanukrawら(2004) が指摘している、G1時における排卵（もしくは非排卵）は、その後のPG時の機能性主席卵胞の存在と同じくらい重要な意味を持っていて（Bell, 2006)、このオブシンクによる理論的受胎率が最大になるd6～d7に調整するための方法と、このG1時の排卵を最大化するための方法が追及されました。しかしながら、このプレシンクには、もう一点重要な問題が含まれていて、そのことが、このPGだけを利用したプレシンクにも影響していることに触れなければなりません。

### (9) サイクル牛（Cyclic cow）と非サイクル（Non Cyclic cow）の存在とオブシンク

#### ―排卵牛（Ovular cow）と無排卵牛（Anovular cow）

Moreira（2001）は、搾乳日数が50～60日における無発情牛（Anestrous Cow）は20～40%に達するとし、Gumen（2006）は、分娩後70日における搾乳牛のおよそ20～30%はサイクルをしていない、いわゆる非サイクル牛であると報告しています（**図9-41**)。「サイクル牛」とは、すでに一度排卵して黄体を形成し発情周期が始まっている牛であり、「非サイクル牛」とは、その卵胞の発育に程度の差はあるものの、いまだ排卵とその後の黄体形成ができていない牛を主に指しています。上述したプレシンクやオブシンク自体を実施する際に、受胎率への大きな障壁となるのが、この非サイクル牛の存在でした。

図9-41　無発情牛と無排卵牛（DIM 70d）

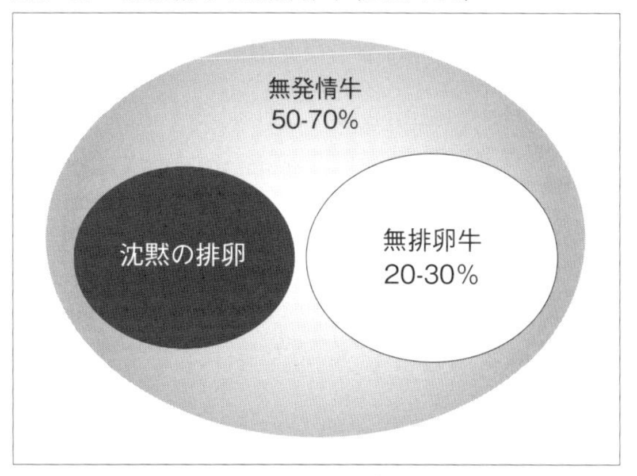


（Modified A.Gumen 2006）

### ①非サイクル牛に対するGnRHの効果

Stevensonら（2000）は、セレクトシンク（G1…d7…PG…発情発見AI）とPG2ショット（PG…d14…PG…発情発見AI）を比較した試験を行なっています。この試験のなかで、非サイクル牛において、最初にGnRHを利用した牛の受胎率と妊娠率に大きな差のあることを指摘しています。その成績では、サイクル牛においては、セレクトシンクもPG2ショットも、その受胎率に差はありませんが、非サイクル牛だけをピックアップしてその成績を見ると、明らかに最初にGnRHを利用したセレクトシンクの成績が良くなっていました（図9-42）。

図9-42　セレクトシンク＆PG2shot受胎率

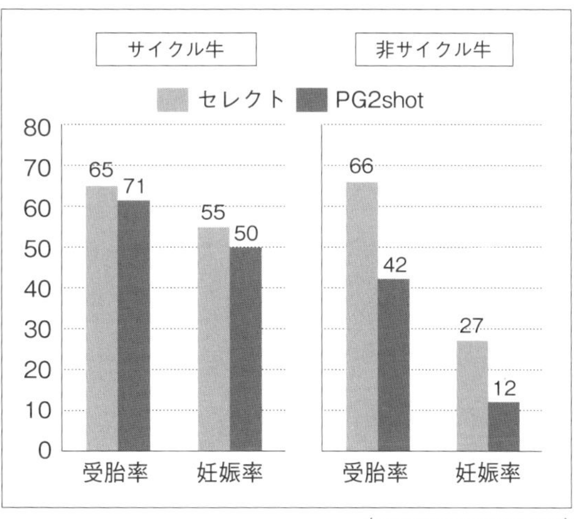


（Stevenson 2000 JAS）

このセレクトシンクは、初めにGnRH（G1）を利用していることから、一部の非サイクル牛が、このG1に反応してサイクルを開始し（黄体化形成）、そのままPGに反応して受胎したものがあることを示しています。一方、PGの2ショットでは、排卵に作用することはないため、プログラムに含まれていた非サイクル牛への効果は極めて低かったということです。PGの2ショットは、黄体形成が可能なサイクル牛に有効で、非サイクル牛に行なった場合、その受胎率は非常に低くなってしまう問題が浮上しました。

その後、Moreiraら（2001）も、PG2ショットのプレシンクは、サイクル牛に対しては、初回G1の排卵率が上昇することによる卵胞波同調（シンクロ）効果が高く、その受胎率が向上するのに対し、非サイクル牛への効果は薄いことを報告しました。

②非サイクル牛に対する黄体ホルモン膣内挿入の効果
（PRID：Progesterone Releasing Internal Device, CIDR：Controlled Internal Drug Releasing Device）

上述したように、一部の非サイクル牛に対しては、単純なGnRH、もしくはヒト絨毛性性腺刺激ホルモン（Human Chorionic Gonadotrophin：HCG）の投与によって、排卵誘起してサイクルを開始させることが可能です（Smith, 1983, 1987、Rhodes, 2002）。一部という意味は、その使用に当たって、非サイクル牛のなかでも、機能性（GnRH反応）主席卵胞が存在するものには、という前提条件が必要ということであり、さまざまなステージタイプ（Peter, 2009）の非サイクル牛すべてに適応・反応することはできないということです。過去から、こうした非サイクル牛もしくは非発情牛に対して、黄体ホルモンの注射や経口投与が行なわれてきました（Ulberg, 1960、Saiduddin, 1968、Brown, 1972、図9-42）。

そうしたなかで、黄体ホルモンの膣内挿入型装置（PRID, 1976 or CIDR, 1989）の開発によって、非サイクル牛への黄体ホルモンの長期使用による検討がなされてきました。これらは、そうした装置とエストラジオール製剤（EB）やPGとの組み合わせによって、より効果を表しました。

これらに関しては、本書の黄体ホルモンの項を参照してもらいたいのですが、リシンク（後述）にCIDRを利用することによって、その受胎率を向上させた二つの研究を追加的に紹介しておきます。

＊

オブシンクによる初回受胎率は、プレシンクなどの併用などで、その受胎率も大きく向上させることができましたが、リシンクによる受胎率の低さが問

図9-43　リシンクにおける受胎率低下の問題

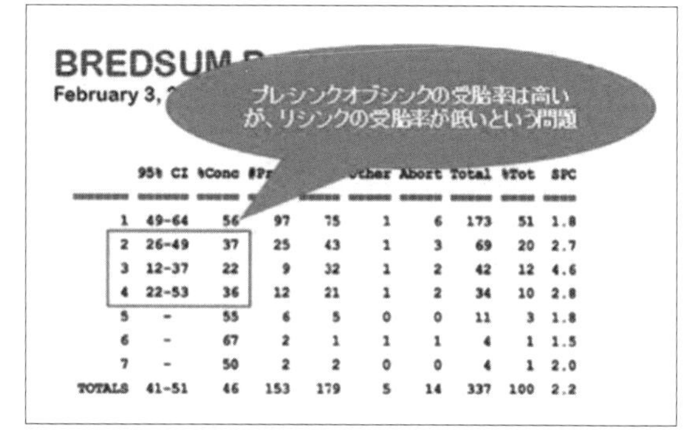


| | 95% CI | %Conc | #Pr | | Other | Abort | Total | %Tot | SPC |
|---|---|---|---|---|---|---|---|---|---|
| 1 | 49-64 | 56 | 97 | 75 | 1 | 6 | 173 | 51 | 1.8 |
| 2 | 26-49 | 37 | 25 | 43 | 1 | 3 | 69 | 20 | 2.7 |
| 3 | 12-37 | 22 | 9 | 32 | 1 | 2 | 42 | 12 | 4.6 |
| 4 | 22-53 | 36 | 12 | 21 | 1 | 2 | 34 | 10 | 2.8 |
| 5 | - | 55 | 6 | 5 | 0 | 0 | 11 | 3 | 1.8 |
| 6 | - | 67 | 2 | 1 | 1 | 1 | 4 | 1 | 1.5 |
| 7 | - | 50 | 2 | 2 | 0 | 0 | 4 | 1 | 2.0 |
| TOTALS | 41-51 | 46 | 153 | 179 | 5 | 14 | 337 | 100 | 2.2 |

（P. Fricke セミナー Wisconsin 2015）

図9-44　リシンク（32d）への$P_4$挿入の効果とG1時黄体の有無の関係

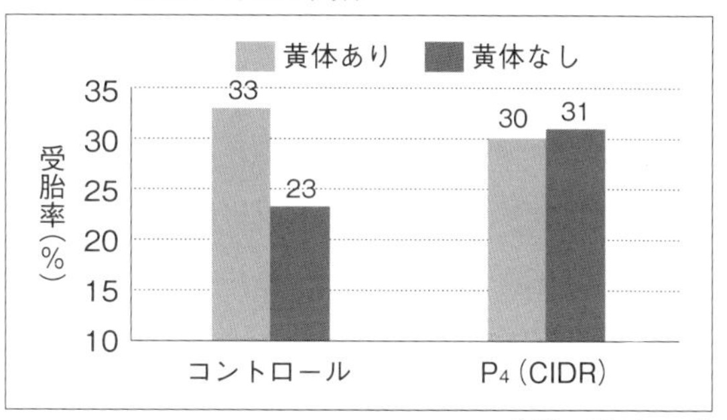


（Bilby 2013 JDS）

題として残っていました（図9-43）。そこでDewey（2010）は、リシンクにCIDRを利用して、その受胎率が向上することを報告しました。

さらにBilby（2013）は、リシンクの開始時期の検討と同時に、それらにCIDRを利用することによる受胎率への影響を調査しました。結果、G1時に黄体があるものに対する、$P_4$挿入（CIDR）による受胎率に変化は見られませんでしたが、黄体のなかったものに対しては、受胎率の改善傾向が見られました（図9-44）。一部、非サイクル牛への有効性が考察され、リシンク時に黄体が存在しないものに対するCIDR併用という選択肢が報告され、その後、その考え方がP. Frickeらの推奨するプログラムに採用されることになりました（後述）。

③非サイクル牛を考慮したプレシンク／オブシンクの開発

オブシンク開始を理想的なタイミングにするためのステップとしてのプレシンクが、さまざまに考えられました。

前述したようにMoreira（2001）は、PG2ショットと、その12日後開始（G1）の有効性を報告しながらも、このなかに含まれる非サイクル牛には利益性のないことが示されました。オブシンクそのものが非サイクル牛に対して一定の効果があることはわかっているものの（Gumen, 2003）、その受胎率はサイクル牛に比べて低くなっています。そこで、プレシンクの目的は単にサイクルの同調だけではなく、非サイクル牛への対応も含めるということがクローズアップされるに至りました（Souza, 2009）。非サイクル牛であっても、オブシンク時の2回目のGnRHによって、その排卵確率は飛躍的に向上するものの（Fricke and Wiltbank, 1999、Gumen, 2003）、それらの受胎率は低いものでした。その大きな原因としては、卵胞が成長・排卵するまで（オブシンク開始まで）の、$P_4$の暴露（$P_4$濃度）が不十分であることによると考えられました（Chebel, 2010）。すなわち、不十分な$P_4$濃度下で成長した排卵胞およびその受精卵は、黄体退行を防御する役割のIFN-τの生産が十分にできないため、黄体維持ができないなどによるということですが、詳細は依然、不明です。

こうした原因のいかんにかかわらず、過去からこの非サイクル牛に対して、さまざまな黄体ホルモン処置が試みられ（図9-42）、非サイクル牛への黄体ホルモンの単独、もしくは黄体ホルモンとそのほかのホルモン剤との併用の有効性が示されてきました。

**④G6Gとダブルオブシンクの開発およびその融合**

**G6G（PG…2d…GnRH…6d…オブシンク開始（G1）**

**ダブルオブシンク（GnRH…7d…PG…3d…GnRH…6d or 7d…G1…7d…PG…56h…G2…16h…TAI）**

Bello（2006）は、〔PG…2d…GnRH…6d…G1…7d…PG…2d…G2…1d…TAI〕という、PGとGnRHを組み合わせ、その6日後にオブシンクを開始（いわゆるG6Gプログラム）することによって、G1時の排卵率の大きな向上を示しました。このG1による排卵率の向上は、その後の$P_4$濃度を増加させ、卵胞サイズの変動を抑えることによって、AIへの同調性を向上させたと考えられました。また、PreGnRHの利用が、一部非サイクル牛の回帰にも貢献していることを報告しました。そこで、Souza（2009）は、GnRHとPGを利用するオブシンクを丸ごとプレシンクとして利用する、いわゆるダブルオブシンクを提案しました。G6Gを参考に、プレシンクとしてのオブシンクにおける2回目のGnRH（G2）投与後、7日目からオブシンクを開始する試みです。G6Gよりも1日長く（G7Gと）したのは、注射の曜日を合わせるための現場的理由によるものでした（後述）。結果、PG2ショットによるプレシンクよりも、ダブルオブシンク（オブシンク1セットをプレシンクとして利用）の受胎率が大きく改善（41.7% vs. 49.7%）することがわかりました。なかでも、より強い有意差を示したのは、オブシンクG1時の$P_4$＜1.0ng／mℓ牛の比率でした。すなわち、PGの前後にGnRHを2回投与されることによって、オブシンク開始時にサイクルを開始している牛が増加し、これら非サイクル牛の受胎率向上が結果として全体の受胎率を改善することを報告しました。同時に、このGnRHの2回投与によって、オブシンクの理想的開始日であるサイクル7日目前後に、よりタイトに同調できているとSouzaは報告したのです。このダブルオブシンクによって、プレシンクの目的である、より理想的オブシンク開始時期のシンクロと非サイクル牛への対応がより効率的（＝同時的）にできることが示されました。これらは、PGを利用することと、非サイクル牛への対応という意味から、とくに初回授精のためのオブシンクに有効性を見出しました。

⑤G6GとオブシンクにおけるPG2回投与の融合
（GnRH…6d…G1…7d…PG1…1d…PG2…32h…GnRH…TAI）

もう一つ、興味深い試験が行なわれました。オブシンクにおけるPGの2回投与の有効性とその理由はすでに述べました。Carvalho（2014）は、G6Gの枢軸である、GnRH投与6日後にオブシンクを開始（G1）するという方法に加えて、その後のオブシンクに対し、前述したPGを2回投与するオブシンクの効果を検証しました。すなわち、PreGnRH投与による非サイクル牛への対応と、その開始日の集約、そして黄体の完全退行の総合的・相乗的な受胎率へ及ぼす影響を調べたのです。試験における処置の内容は、図9-45に示しました。

結果、PreGnRH後のオブシンクにPGを2回注射したグループ（GGPPG）が、極めて良い成績を残すことを報告しました（図9-46）。これらの方法も、再授精の受胎率を上げる方法として、P. Frickeらが推奨するその後のプログラム（後述）に取り入れられる

図9-45　オブシンク（リシンク）開始6日前GnRH投与とPG2shot

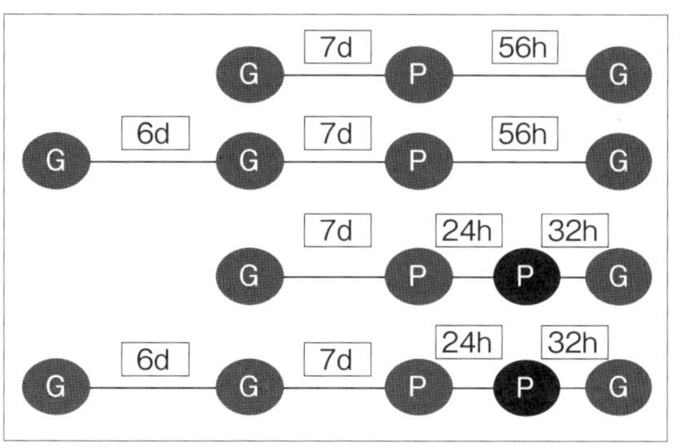


（Carvalho PD Fricke PM JDS 2014）

図9-46　PrG-G1-PG1-PG2-G2（GGPPG）受胎率
G…6d…G…7d…PG1…24h…PG2…32h…G

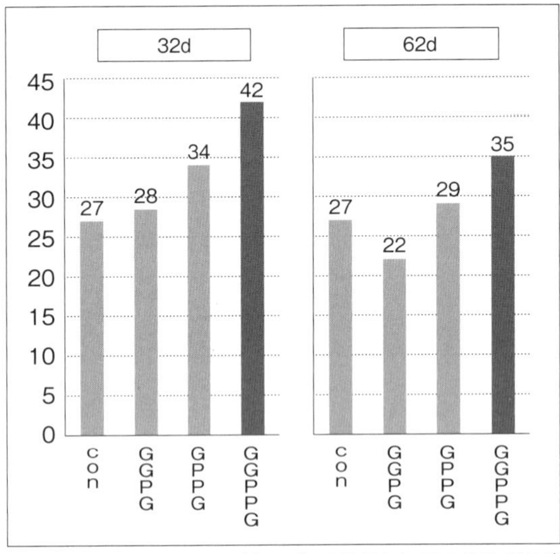


（Carvalho PD Fricke PM JDS 2014）

図9-47　リシンクプログラム

| 日 | 月 | 火 | 水 | 木 | 金 | 土 |
|---|---|---|---|---|---|---|
| | | | | TAI | | |
| | | | | | | |
| | | | | | | |
| | | PreGnRH<br>受胎不明 | | | | |
| | GnRH1<br>（妊娠－） | | | | | |
| | PG1 | PG2 | GnRH2 | TAI | | |

（Carvalho 2014 JDS Suppl.）

ことになります（**図9-47**）。

同時期、上述のCarvalho（2014）は、初回授精に対するダブルオブシンク（G…7d…PG…3d…G…7d（G7G）…G1…7d…PG…56h…G2…16h…TAI）と、オブシンク開始前7日（G' 7G）にGnRHを投与するGGPG（G…7d…G1…7d…PG…56h…GnRH…16h…TAI、**図9-45**の2段目参照）の比較も行なっています。結果は、ダブルオブシンクのほうが、明らかに良い成績で〔受胎率52.6（32d）% vs. 42.7%〕、初回授精に対するダブルオブシンクの優位性が示されました。

**⑥G6GとG7Gの検証（PG…2d…GnRH…6d…GPG…TAI）と（PG…2d…GnRH…7d…GPG…TAI）**

Bello（2006）の示したG6Gが極めて有効であることは、すでに明らかですが、臨床現場において、その注射の曜日を揃えるメリットは大きいものです。G6Gの唯一の欠点は、**図9-47**からもわかるようにPreGnRHを火曜日に注射すると、オブシンクG1は月曜日に注射することになります。そこで、Wiltbank（2014）やDirandeh（2015）は、G6GとG7Gによる比較試験を行ないました。結果、G6Gのほうが、G1に対する反応に有意性はあるものの、受胎率そのものに差はなかったことを報告しました。これにより、農場でのプロトコールが、よりわかりやすく行なえるようになりました。

### (10) 研究成果とプレオブシンクとリシンクに対する現状での推奨プロトコール

1995年にPursley and Wiltbankにより開発されたオブシンクが、あっという間に世界に普及し、世界で低迷する繁殖パフォーマンスの向上の福音となりました。しかし当初、その有効性は、授精リスクを向上させることによるもので、妊娠率におけるもう一つの重要な要因である、受胎率を向上させるものではない（受胎率を向上させる・変わらない・低下させる、さまざまな報告がある）と結論づけられました。そこから、「オブシンクの受胎率」を高める、さまざまな試みがなされてきました。

まずは、オブシンクにおけるPGとG2、そしてG2とAIの間隔についての研究が直後になされました。牛の発情サイクルにおいて、オブシンクをいつ開始すべきか追及されると同時に、その同調方法が模索されました。初期に5～12日が推奨されましたが、最終的には6～7日にシンクロさせることが推奨されるに至りました。

そのためのプレシンク方法が無数に提案されました。オブシンクの開始時（G1）、PG時、G2とAI時、それぞれにおける黄体（$P_4$）値との関係が明らかになり、オブシンク開始までの$P_4$コントロールが模索され、PG時の新しい黄体への黄体退行対策が提案されました。

さらに、オブシンク受胎率を低下させる大きな要因としての無排卵牛の存在がクローズアップされ、それらも念頭に置いたプレシンクやリシンクに対する処方が研究されました。

上述してきた、さまざまな疑問と挑戦を踏まえた結果として、現代の高泌乳牛への初回授精と再授精への一つのプロトコールがP. Frickeらから提案されるに至っています（図9-48）。

P. Frickeが本年（2015年）に初来日し、北海道において講演が数カ所予定されていますが、新たな理論と方法が示されることになるでしょう。コストや労働力とバランス、そしてその効果を踏まえながらも、日本におけるオブシンクおよびリシンクの利用は、その受胎率向上とともに、さらに普及するのでは

図9-48　ダブルオブシンクとリシンクプロトコール

| 日 | 月 | 火 | 水 | 木 | 金 | 土 |
|---|---|---|---|---|---|---|
| | | | | | GnRH | |
| | | | | | PG | |
| | GnRH | | | | | |
| | GnRH(G1) | | | | | |
| | PG1 | PG2 | GnRH(G2) | TAI(d0) | | |
| | 24h | 32h | 12-16h | | | |
| | | | | | | |
| | | | | | | |
| | G1(d25) | | | | | |
| | Preg-(d32)<br>CL+ PG1<br>or<br>CL- G1+CIDR | PG2<br>CIDR | G2<br>CIDR | TAI(d0)<br>CIDR | CIDR | CIDR |
| | G1(-CIDR) | PG2 | G2 | TAI(d0) | | |

(P. Fricke 2015)

ないかと考えられます。

### (11) PGと発情発見を主体にした再授精プログラムの提案

一方、こうしたホルモン処置による授精プロトコールがどれほど普及しようが、「発情を発見する」という行為は、繁殖マネージメント全体を通して引き続き重要な役割を担っていることに変わりはないとP. Fricke (2014) は述べています。Giordanoら (2015) は、そのコストを抑えるため、妊娠鑑定時に黄体のある牛には単純にPGを投与して、発情の来た牛は授精し（積極的な発情発見)、そうでない牛はその9日後からCIDR + 5日 (5day) オブシンクを、鑑定時に黄体のない牛にはGnRHを投与後7日からCIDR + 5日オブシンクを利用するプロトコールを推奨し、再授精にオブシンク（リシンク）をそのまま利用するものと比べ、その妊娠スピードに差がないことを示しています。発情発見意識の高い、あるいは活動量モニター装置などを利用している農場では、有利な方法かもしれません。

現在、2回目もしくはその後のいわゆる「再授精」を、どのようにマネージメントし、その受胎性と授精間隔を短縮していくかが、繁殖管理の主要な課題になっています (Giordano, 2011)。

## 7) EB（安息香酸エストラジオール）を使っての定時授精

〔㈲あかばね動物クリニック・鈴木保宣〕

排卵してから1.5日で新しい卵胞波が出現することがわかっています。GnRH投与から、ほぼ正確に27時間で排卵が起きます。これらのことから、GnRH投与から約2.5日後に新規卵胞波を誘導できます。このことを利用して、GnRH

投与してから7日後にPGを投与し、56時間後に2回目のGnRHを投与し、その16時間後に授精するという定時授精（オブシンク56）が成り立っています。

ところが、血中黄体ホルモン濃度が高いとGnRHによるLHの上昇が低いし、排卵もしにくくなります（Limaら、2013）。LHサージがあっても10mm以上の卵胞でないと排卵しません。この2点から、性周期でのGnRHでの投与時期によっては、決められた時間（2.5日後）に新規卵胞波を作り出せないことがあります。これにより、オブシンクの受胎率を下げてしまうことが考えられます。

一方、EB（安息香酸エストラジオール）は、血中$P_4$濃度が下がっている状態で1mgを投与した場合は、正のフィードバック作用により、約15～18時間後にＬＨサージを発現し（Martinezら、2007）、約42～45時間後に排卵誘起ができます。また、$P_4$存在下でのEB投与は、LHサージを起こさず、下垂体からのFSHおよびLH分泌を強く抑制し、卵巣における卵胞を閉鎖に至らしめます（Austinら、2002）。その後に、新しい卵胞波をもたらします。新しい卵胞波の開始時期は、**表9-6・7**にあるように、EBの投与量や牛の代謝により異なるという欠点はありますが（C. R. Burkeら、2003）、正確なEBの投与量

表9-6　実験の方法と背景

1. 発情開始後6日に卵胞吸引
   ・黄体期に第1卵胞発育波の主席卵胞除去
   ・卵胞からのインヒビン、エストロジェン除去
   ・卵胞性FSH抑制因子の除去
2. 卵胞吸引後$E_2$B投与試験
   ・内因性の黄体ある状況（Progesterone⁺）下での試験
   ・外因性$E_2$B濃度のFSH上昇およびNEW卵胞発育波出現時期の検討

表9-7　FSH上昇のピーク時間と卵胞動員

| | 0EB | 1EB | 2EB | 4EB |
|---|---|---|---|---|
| 供試頭数 | 6 | 6 | 7 | 7 |
| FSHのピーク時間（時） | 29.3±4.0 | 53.3±4.5 | 81.1±15.5 | 91.4±8.2 |
| 範囲 | 24～48 | 48～73 | 16～15.2 | 56～120 |
| 新卵胞発現時間（日） | 1.5±0.2 | 3.3±0.3 | 4.0±0.6 | 4.4±0.4 |
| 範囲 | 1～2 | 2～4 | 2～7 | 3～6 |

0EB＝安息香酸エストラジオール（EB）投与なし　1EB＝筋注1mg／体重500kg
2EB＝筋注2mg／体重500kg　4EB＝筋注4mg／体重500kg

により、CIDR挿入して（$P_4$存在下）の新規卵胞波を、GnRH投与よりは確実に作成できる可能性があります。

**表9-7**の研究は体重500kgの牛ですが、われわれがいつも対象にしている牛は体重が約700kgであるので、この表から推定すると、2EB投与では3.5日後に新規卵胞波が発現すると考えられます。これらを利用してCIDRショートプログラムという定時授精が成り立っています（**表9-8**）。

表9-8　CIDRを用いてのプログラム

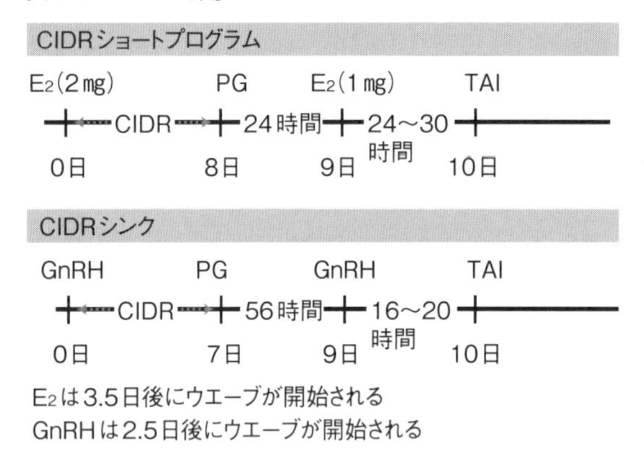


表9-9　CIDR挿入期間による受胎率の差

| | 授精頭数 | 受胎頭数 | 受胎率 |
|---|---|---|---|
| 8日間 | 429頭 | 155頭 | 36.1% |
| 9日間 | 45頭 | 13頭 | 28.9% |
| 自然発情 | 5721頭 | 2027頭 | 35.4% |

2017年7月〜2015年6月の1年間
（あかばね動物クリニック未発表）

**表9-9**は、CIDRの挿入期間を8日と9日を比較したものです。2EB投与で新規卵胞波が3.5日で発現するならば、CIDRシンクと比べて1日長い8日の挿入期間が適当と考えられ、9日間挿入より受胎率が高くなりました。

## 黄体ホルモン（Progesterone）を利用した発情の同期化

黄体ホルモンによる発情同期化への試みは、古くは1940年代にまでさかのぼることができます（Christian and Caside, 1948）。これはDNAの発見よりも5年も前のことです。黄体ホルモンの経口投与や連続注射などを20日間も行なって、その同期化を図ろうとするものでしたが、思うような繁殖成績は残せなかったようです（Lamond, 1964、Wishart, 1974）。それに続いて登場したのが経皮投与やインプラント（埋め込み）、そして膣内挿入タイプのPRID（Progesterone Releasing Internal Device：Webel, 1976、Roche, 1977）でした。

この早い時期から発情の同期化を目指した理由は、人工授精技術がどんどん普及して、肉牛や放牧育成牛にそれを利用して遺伝形質の改善を早めることができるようになったため、これをより簡単に、そして大量（積極的）に行なえる方法を模索していたからでした（Macmillan, 1993）。その後、さらにポリマー技術や成型技術の進歩によってCIDR（Controled Internal Drug Release：Macmillan, 1989, 1991, 1993）が登場しました（**写真9-1**）。これによって、より簡易に長期間の黄体ホルモン処置が可能となって、その利用と研究が飛躍的に発達したのです。

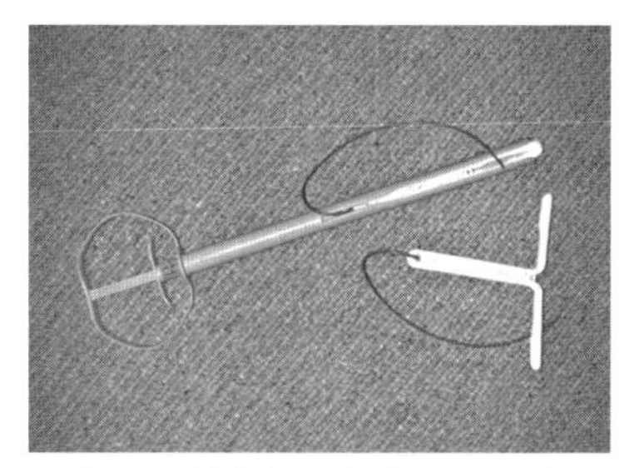

写真9-1　膣内留置黄体ホルモン放出装置のCIDR
（Controlled Internal Drug Release device）

ここでは、このCIDRを利用した発情の同期化について考えましょう。ちなみに牛用のCIDRはCIDR-Bであり（鹿用も兼ねる）、そのほかにSheep（綿羊）用がCIDR-S（1986）、Goats（ヤギ）用にはCIDR-G（1990）などがあるようです。

## 7 CIDR-Synch

発情の同期化には、さまざまな方法がありますが、これにおいて最低限求められることは、治療後の発情が、より予測可能な時間帯に集中することと、その妊娠率が非治療群と同じか、あるいはもう少し良くなることが条件となります。そうでなければ、同期化の意味を失ってしまいます。

この目的を達成するための付加的な技術がCIDRを利用したオブシンク、いわゆるシダーシンク（CIDR-SynchあるいはCIDR-Ovsynch）です。

### 1）CIDR単体およびCIDR＋PG

**図9-49**は、CIDRだけを利用したときの発情の分布を、さらに**図9-50**は、CIDRとPGを利用したときの処置後の発情分布を示しています。これらからもわかるように、これだけでは同期化における第一条件である、処置後の発情

図9-49　未経産牛におけるCIDRによる発情の同期化

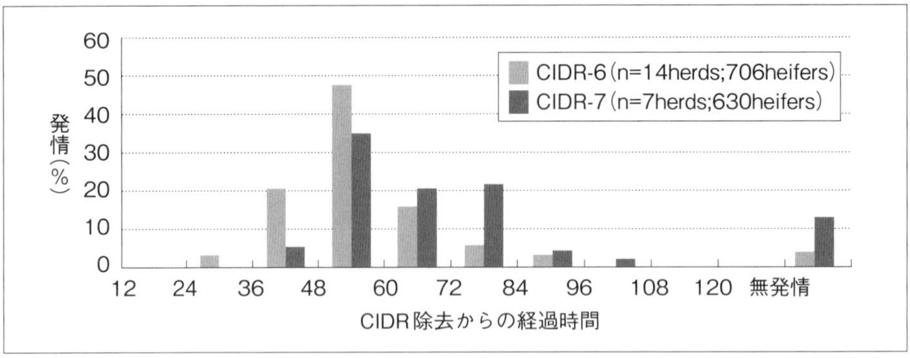

図9-50　未経産牛におけるCIDRとPGによる発情の同期化

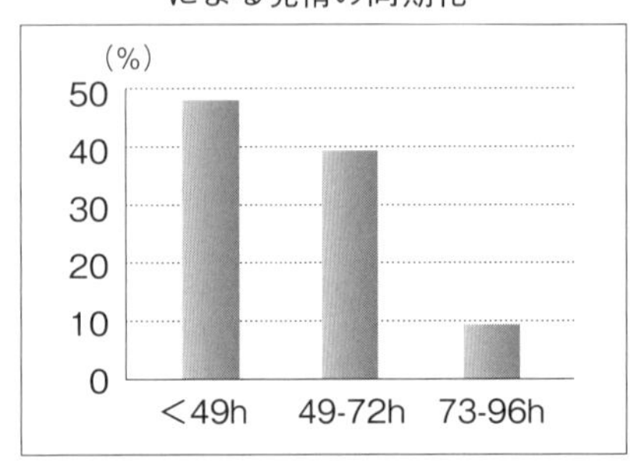


集約化が不十分なことがわかります。

しかしながら、Rivera (1998) や Mackey (2000) は、授乳中の肉用牛へのCIDRの利用によって、処置後の初回排卵までの期間の短縮および黄体機能やサイズに大きな改善が見られたと報告しました。これは、無発情牛あるいは非サイクル牛への治療効果を示唆するものです。

## 2) CIDR＋GnRH

図9-51　経産牛に対するCIDRの利用効果 GnRH併用：非併用

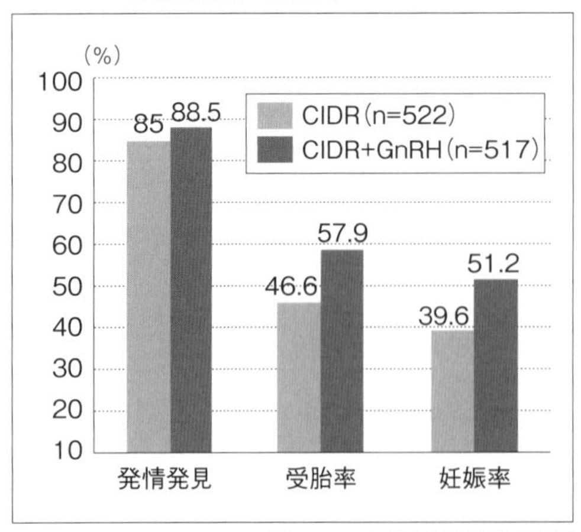


(Ryan et al,1995,JAS73:3687)

CIDR単体やCIDRとPGの併用だけでは、発情の同期化の第一の目的である、発情の集約化に問題が残ることがわかりました。そこでCIDR挿入時に卵胞波をコントロールするためにGnRHを投与すればどうなるかということになりますが、これに関しては、上記の実験に先立って1995年のRyanの実験（図9-51）があり、その有効性が確認されています。

### 3）CIDR＋エストラジオール（Estradiol：以下EB）プロトコール

Fike（1997）は、無発情肉用繁殖牛へのCIDR7日間と、その除去後24～30時間でのEB1mgの投与が、CIDR単味の処置あるいは無処置群に比べて明確な発情の回帰があり、同時に黄体のライフスパンの正常化と受胎に大きな改善が見られることを報告しました。これによって、このプロトコールが普及すると同時に、さらにさまざまなバリエーションの研究を促しました。

McDougall（2001）は、CIDR＋EBとオブシンク処置を比較し、CIDR＋EBのほうが非サイクル牛への効果の高いことを示しました。さらにK. Moor（2006）は、泌乳牛においてEBの血中濃度が低下している現状のなかで、外部的なEBを投与することは意味のあることではないかと述べています。これらは同じステロイドホルモンである黄体ホルモンにもいえることで、このコンビネーションには発情の同期化以上の価値があることを示唆しています。ただし、アメリカではエストラジオール・シピオネート（Estradiol cypionate：ECP）の投与は禁止されており、利用可能であるのは安息香酸エストラジオール（Estradiol benzoate：EB）となります。

### 4）シダーシンク（CIDR-Synch）vs. オブシンク（Ovsynch）

通常のオブシンクと、さらにシダーを組み合わせたシダーシンク、どちらがより有効かということになります。J.S. Stevenson（2005）は、アメリカ各州での実験を比較して、シダーシンクのほうがより高い妊娠率を得ることができること報告しました（図9-52）。図9-53は、その理由の基本になるもので、2001年に同氏によって示されているものです。その大きな違いは、これまでも何度か示してきたように、サイクル牛と非サイクル牛（無発情牛）への効果の違いのようです。

そして、さらにLamb（2001）が、シダーオブシンク／コシンク（CIDR-Ovsynch：GnRH＋CIDR＋PGF＋GnRH）と通常のコシンクを、授乳中の肉用繁殖牛の非サイクル無発情牛で試験をし、このシダーオブシンクが非サイクル牛により有効であることを確認しました（図9-54）。

このように、CIDRを利用することの大きなメリットの一つが、非サイクル

図9-52　TAI後56日での受胎率
Ovsynch=33%、CIDR-Ovsy=38%

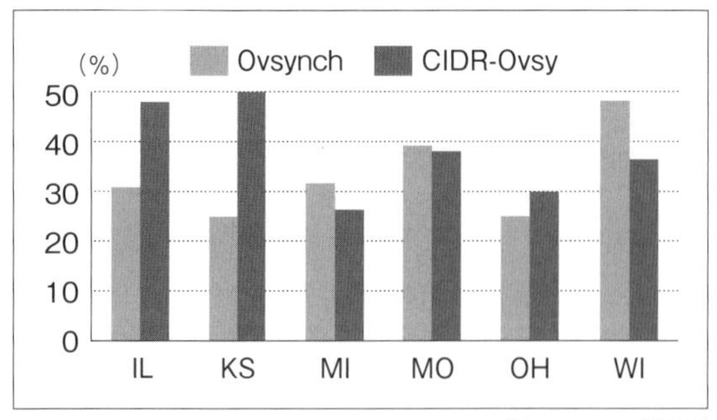


(Stevenson 2005)

図9-53　乳牛における(AI後28日)妊娠率
オブシンク vs シダーシンク

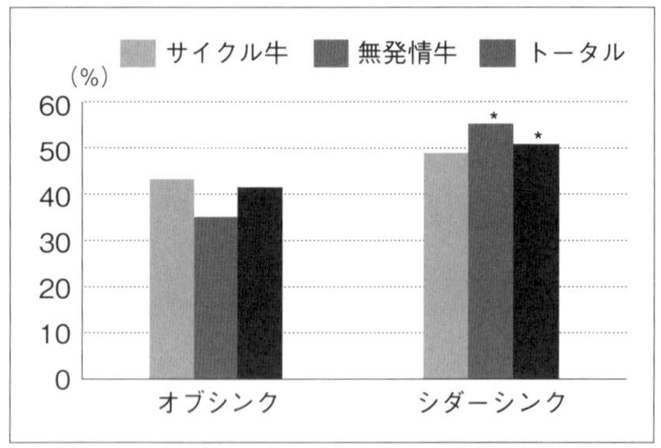


(J.S.Stevenson seminar 2001)

図9-54　肉牛に対するコシンク(Cosynch)+CIDRの効果

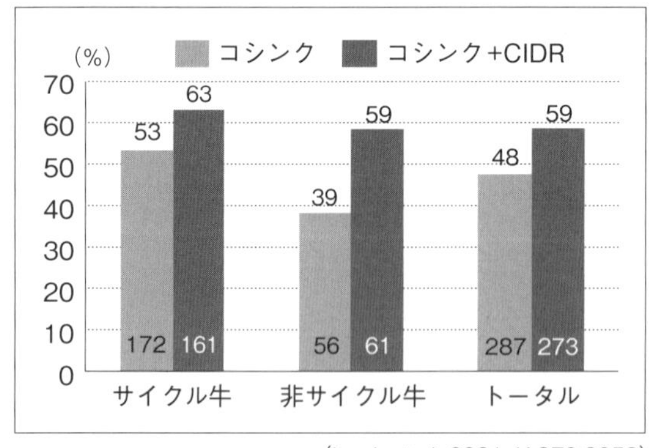


(Lamb et al, 2001,JAS79:2253)

無発情牛に対するものであることが明らかとなってきました。こうした黄体期（オブシンク期間）の黄体ホルモン濃度の上昇が卵胞の早期成熟を防ぎ、受精時の卵胞の質を高めることや（K. Moor, 2006、Sakase, 2006）、受胎しない場合でも、黄体期間の正常化や受胎率に良い影響のあることが確認されています。それらが、その後の妊娠ロスにも良い影響がある可能性が示唆されるところです（Mann, 2000）。

**図9-55**および**図9-56**は、オブシンク56開始時に黄体のないものに対してCIDR（1.38g）を2本挿入した試験です。オブシンク開始時に黄体がないものに関してCIDRを挿入することによって、黄体のある（サイクル牛）牛への通常のオブシンクと同等の効果のあることを示しています。そのなかでも、授精前9～3日まで（PG投与前）の黄体値が2ng／mℓ以上上昇したものに、とくに高い受胎率であったことがわかります。

分娩後の非サイクル牛に対してどう対処すべきか、現場で大いに苦労するところですが、こうした試験結果はわれわれに大きな示唆を与えてくれます。

図9-55　オブシンク56開始時
黄体の有無とCIDRの効果

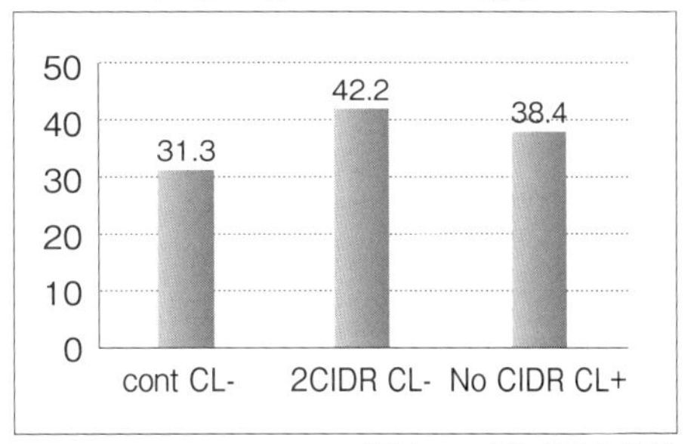


(Bisinotto RS JDS 2015)

図9-56　黄体のない牛に対するCIDR挿入効果

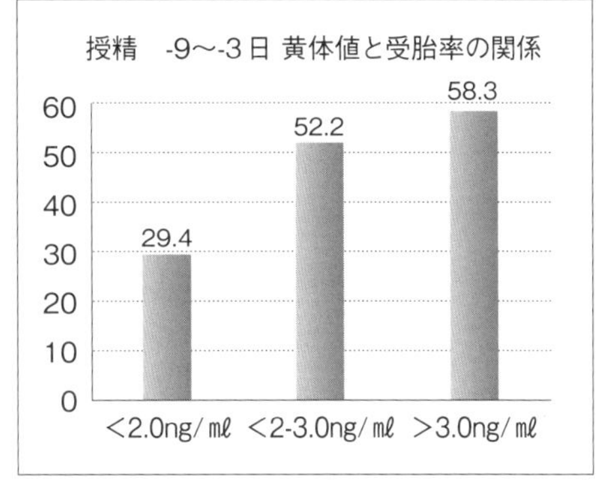


(Bisinotto RS JDS 2015)

## 5）シダーヒートシンク（CIDR-Heat-Synch）とオブシンク

シダーシンク（CIDR＋GnRH＋PG＋GnRH）の2回目のGnRHの代わりにエストラジオール（EB）を利用するものを、通称「シダーヒートシンク」（図9-57：シダーヒートシンクの一例）といいます。これは、定時人工授精時の発情徴候がオブシンクに比べて極めて強く発現するものが多いことから、こう表現されます。

Xu（2000）がシダーヒートシンク（CIDR-Heat-Synch：GnRH＋CIDR＋PGF＋EB）と上述したCIDR＋EBプロトコールを、乳牛の非サイクル牛において比較し、CIDR＋EBプロトコールよりもシダーヒートシンクのほうが、これらの牛に対してさらに有効であることを示しました。

ちなみに、一般的なヒートシンクとオブシンクの比較では、発情の発見率あるいは発現率に大きな差があるものの、その妊娠率に差は見られないということです（図9-58）。したがって、その差はGnRHとEBのコストの差ということで、その点からすれば、EBの利用が若干有利かもしれず、シダーヒートシンクとシダーオブシンクにも同様のことがいえるかもしれません。

しかし、このEBの作用は、直接的な卵胞の発育と同時に視床下部を通したLHサージという間接的な作用で、この点でGnRHのほうが（下垂体）、より直接的で有効な場合があるとS. M. Pancari（2002）は述べていて、牛の状態で効果に差があることを示唆しています。ただし、このEBの投与によって血

図9-57　シダーヒートシンク（CIDR-HeatSynch）

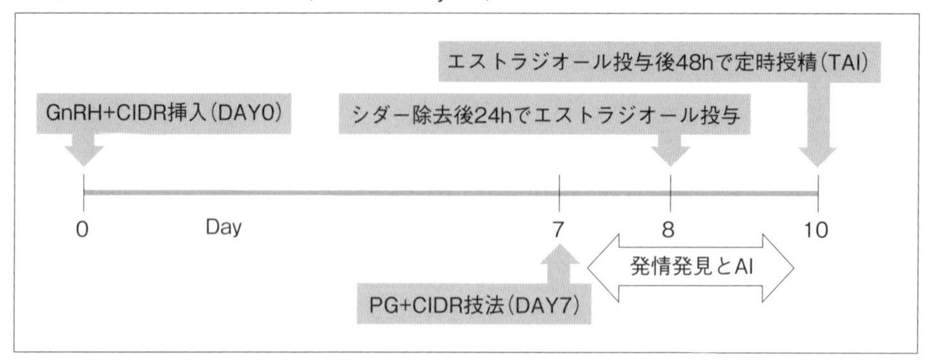


図9-58　オブシンク vs ヒートシンク

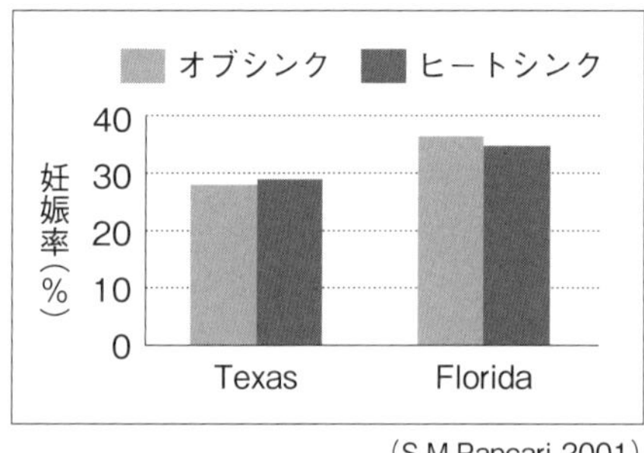


（S.M.Pancari 2001）

中EB濃度が2倍以上となり、マウントの回数が明確に増え、短縮していた発情の持続時間が長くなるとも観察され、それらは黄体ホルモンの利用とともに、高泌乳牛の治療に関して大きな示唆を与えるものと考えられます。

## 6）シダーシンクによる卵胞嚢腫の治療効果

卵胞嚢腫は乳牛の10～13%に発生し（H. A. Garverick）、依然として繁殖管理における問題の一角をなしています。治療への反応もさまざまで、なかなか治癒させられなかったり、受胎まで持っていけなかったりします。これらにシダーシンクを用いて、一気に受胎まで持っていくことが可能です。

Calder（1999）は、黄体ホルモン（CIDR）の投与によってLHパルスの抑制が起き、CIDRの除去後に再びLHサージが起きる（排卵する）と報告しています。

また、Gumen（2001）らは、卵胞嚢腫牛においては多量のエストロジェンの投与でも小さなLHサージさえ起こすことができず、これによって視床下部におけるエストロジェンへの感受性低下が示唆され、これを黄体ホルモンによって回復させることができると報告しました。

**図9-59**は、Ishii（2005）が報告した卵胞嚢腫牛へのシダーシンクによる受胎成績です。卵胞嚢腫に対する治療を兼ねたシダーシンクによって、高い受胎

率を得ることがわかります。また、たとえ、そのときに受胎しなくても、卵胞嚢腫が治癒して次の授精で受胎しているものも含めると、このシダーシンクが卵胞嚢腫への高い治療効果があることがわかります。

図9-59　卵胞嚢腫へのシダーシンクの応用

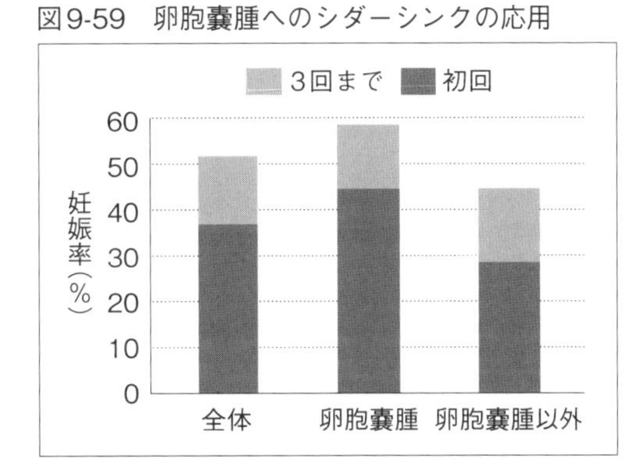


（石井動物病院　2001）

＊

以上述べてきたように、黄体ホルモン（CIDR）の利用は、牛個体の状態あるいは農場全体の状態によって使い分けることで、より効果的な利用が可能と思われます。すなわち、大まかな考え方として、発情発見効率やサイクル牛の割合が高い農場では、主にPGの利用を主体に考えることができますが、発情発見が悪く非サイクル牛が多く見られる農場、あるいはボディコンディション・スコア（BCS）の低い牛や高泌乳牛、周産期疾患が多いような農場では、オブシンクさらにシダーシンクの利用がより有効になるかもしれません。

またその中間には、GnRHプロトコール（セレクトシンク）なども、その選択肢として出てきます。

それらを獣医師と相談しながら進めることが、より重要となるし、獣医師もその決定に関しては、コストも考えながら慎重に進めることが必要となります。

## 8 黄体ホルモンを取り巻く研究とその可能性

黄体ホルモンは、いうまでもなく妊娠の維持に必須のホルモンであることは誰もが知っていることです。そして、この黄体ホルモンの血中濃度というのは、発情・授精後からわずか数日以内から妊娠牛のほうが、非妊娠牛より高い値を示していることがわかっています（図9-60：Starbuck 2001 & 図9-61）。

図9-61は、day 0で授精した牛の妊娠・非妊娠牛の授精前の黄体値の変化を

図9-60 授精5日目の乳中プロゲステロン値と妊娠率の関係

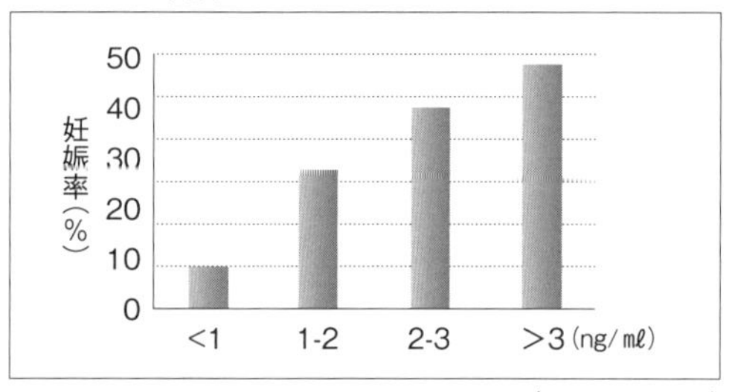


(Starbuck 2001)

図9-61 発情前の黄体値と妊娠卵胞の成長と$P_4$

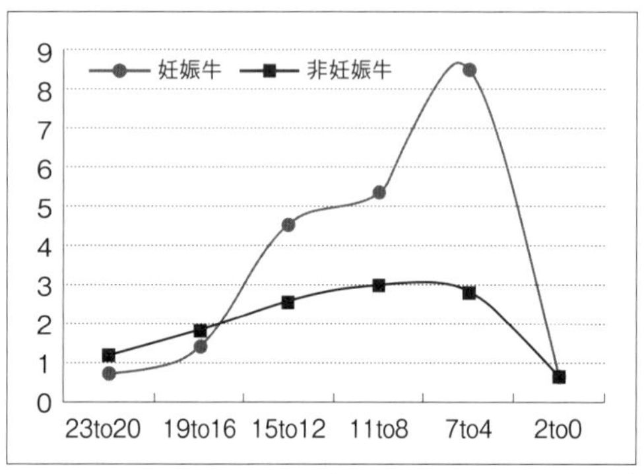


(Folman et ai. 1973 J. Reprod)

調べています。授精前にしっかりとした黄体の上昇が重要であることが理解できます。この黄体ホルモンは、授精前の卵胞の質や子宮に対して重要な働きのあることがわかっています。

一方、Lucy（1998）は、高泌乳牛の血中黄体ホルモン値が低いことを証明しています。これは、おそらく肝臓におけるステロイド（黄体ホルモンはステロイドホルモン）代謝によるものと考察されています（Sangsritavong, 2000）。しかし、同氏は別の論文のなかで、それが直接的に受胎率の低下と関連があるかどうかはわからないとしています。なぜなら、牛の妊娠に必要な血中黄体ホルモンの最小必要濃度はわかっていないからです。また、血中ホルモン濃度が低くとも、局所の黄体ホルモン濃度、すなわち卵巣や子宮といったものは、ローカル的に卵巣と卵管の静脈を通して子宮動脈に供給されています。したがって、直接的な血中濃度の影響はわかっていないというのが現状でしょう。

しかしMann（1999）はその論文のなかで、黄体ホルモンサプリメントの投与によって妊娠率が上昇したことや、Thatcher（2001）が授精後5日目にHCGを投与し、その黄体を充実させることによって妊娠率が向上した例をあげて、黄体ホルモン治療の有効性を述べています。

BisinottoとLean（2015）は、過去における膨大な黄体ホルモンサプリメントの試験をメタ解析した結果、その有効性は主に黄体のないものに利用したときに大きいことを改めて報告し、その後の妊娠ロスの減少にも効果が及んでいるとしています。

またA. Villarroel（2004）は、エストラジオールを加えたPRID（膣内留置黄体ホルモン放出装置）をリピートブリーダー牛に授精後5日目から19日目まで挿入し、若いリピードブリーダー牛（初産と2産牛）において妊娠率が向上し、その後の流産も少なかったと報告しました。さらに、今回述べた卵胞嚢腫の治療まで、幅広い応用が考えられています。

しかし、その一方で、それらを利用した受胎成績の向上に関して必ずしも良い成績だけが出ているわけではありません。黄体ホルモンという極めて古典的なホルモンが、この科学が進歩している現代でも、今まだそのすべてが明らかにならず（M. C. Lucy）、むしろ新たな脚光を浴びつつあるということでしょう。

＊

これまで述べてきた獣医師の役割におけるホルモン剤の利用と考え方は、ごく一部のものを断片的にとらえたものですが、これらだけでも多くの研究と理論が介在していることが理解いただけたと思います。

臨床に励む獣医師は、こうした日々進む研究と忙しい日常の狭間のなかで、新しい技術を習得し、現場に降ろす努力を日夜続けていることも併せて理解いただければ幸いです。

## 9 リシンク

これまで述べてきた、あらゆる方法によって、初回授精は比較的簡単に完了できますが、より問題なのは、一般的にそれらの授精牛のおよそ60％前後は受胎していないという現実です（受胎率35～40％前後）。受胎していない牛が明確な再発情を示してそれらが発見され、再授精されることが最も望ましいのですが、実際にはその多くの不受胎牛が、いわゆる「発情が観察されない牛」として牛群に隠れてしまうことが、現在の農場における大きな問題の一つになっています。これら授精したのに受胎せず、かつ発情が次の周期で観察されなかった牛を早期に発見し、そしてスムースな再授精をどうするかという問題が出てきます。

これまでのオブシンクおよびその修正（整）型をベースにその方法が探られることになり、それがリシンク（Resynch）と呼ばれるようになります。一方で、そのリシンクを確定する早期妊娠鑑定との間に新たな課題が見つかってきたのです。

獣医師の重要な役割としての早期妊娠鑑定と再授精のためのプログラムについて、これまでにも何度か登場したウィスコンシン州立大学のP. Frikeが、この分野で興味深い研究をしているので、それを参考に考えてみましょう。

### 1）超音波診断装置による早期妊娠鑑定

授精牛に対する妊娠の成否を早期に鑑定することは、繁殖管理における重要な技術です。これらについての最初の記述はCowie（1948）やWisnicky（1948）によるもので、彼らによって直腸を介した妊娠診断および羊膜嚢触知による妊娠診断法が普及することになりました。この1940年代は、第二次大戦が終了した後の世界の安定とともに酪農産業が飛躍を始めた頃で、人工授精におけるAM-PM法の確立（Trimberger, 1943・1948）など、そうした現在に至っても、なお有効な新しい技術が続々と出ていたときでもあるようです。

直腸検査による尿膜スリップが報告されたのは、その後20年以上も経過した1970年（Zemjanis）のことだとP. Frikeは、その論文の中で紹介しています。

しかしながら現在では、コンパクトで鮮明な超音波診断装置が急速に普及し始め、早期妊娠鑑定も性周期を一度超えたら鑑定可能な域にまで到達するようになりました。そして、それが新たな問題を現場に投げかけることになりました。

### 2）早期妊娠診断と妊娠ロス

早期妊娠診断を取り入れている農場あるいは獣医師において最も頭を悩ませる問題が、妊娠のロス、いわゆる早期流産です。これは、超音波などで診断を行なえば行なうほどクローズアップされ、酪農家と獣医師に何かしらのストレスを与えるものです。図9-62は、以前にも示した一般的な搾乳牛における自然妊娠ロスの割合を、その妊娠日数に沿って示しています。図からもわかるよ

図9-62　搾乳牛における妊娠ロス

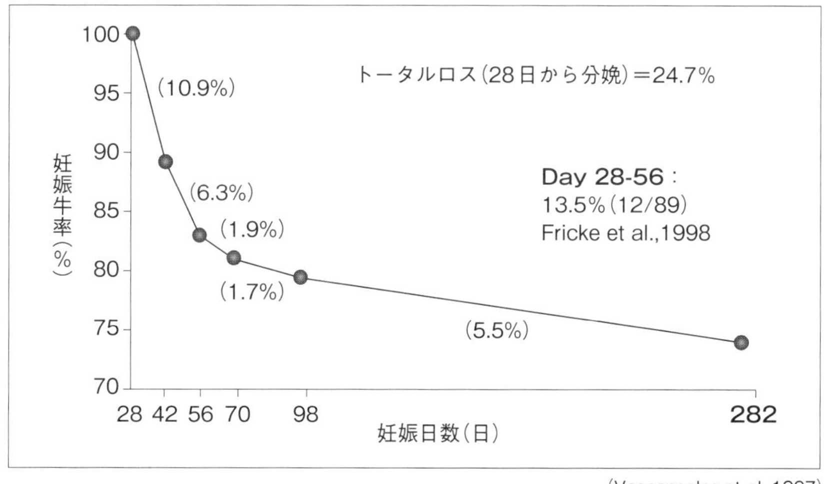


(Vasconcelos et al.,1997)

うに、妊娠28～50日くらいまでのロスが相当にあります。早期の妊娠診断が可能になればなるほど、この自然妊娠ロスが目につくということです。

Mann（1999・2001）らは、授精後16～19日目での高い胚の発育（85％）を認めています。そしてKummerfeldは、1978年に28～75日目まで、そのロスは10％であると述べています。しかし、最近の超音波診断による妊娠ロスの調査では、28～60日までに、少なくとも20％あるとも報告されています（Pursley, 1998）。**図9-62**のVasconcelos（1997）でも、おおよそ近い数字になっていますし、Fricke（1998）も13％の数字を示しています。超音波診断装置による近年の報告と先に示した1980年代前の報告を同等には比較できませんが、その早期における妊娠ロスが増加している可能性は否定できません。

もう一つの問題は、自然発情と、いわゆる定時授精（Timed AI）に代表されるホルモン処置による発情の誘起と、その授精による分娩率の差です。定時授精における一般的な分娩率は35％であるのに対し、自然発情における授精後分娩率は45％（Nebel and Jobst, 1998）という事実も認識しなければならないでしょう。いずれにしても、少なくとも授精後16～19日くらいまでは、子宮内に発育中の胚が存在しても、それらが分娩に至るまでに多くのものが消滅してしまっていて、たとえ28日で妊娠がプラスであっても、それが60日目くらいまでには10～20％も自然な状態のなかで喪失しているという事実を、とくに超音波診断するときには認識する必要があるようです。**図9-58**に示したVasconcelosは、28日から分娩までにトータルで25%の妊娠が喪失すると述べています。ただし、この数字は必ずしも一定ではなく、こうした再発がほとんどない農場も当然見られることは、われわれが現場でよく感じることでもあり、その差がどこからくるのかが、重要な意味を持っていると思います。また、こうした死んでしまった子宮内の胚の存在が、その後の発情の遅れなどに影響を与えていることも示唆され（Van Cleeff, 1996）、妊娠牛と非妊娠牛が混在する現場における混乱は、先に述べた、妊娠していないのに「発情が観察されない牛症候群」を増加させる要因になっているようです。

話が混乱してきましたので、少し整理しましょう。すなわち、牛を妊娠させるためには、「最初の授精は比較的簡単にできるが、2回目の授精をどうするか？」ということが問題となります。その一つの画期的改善が、超音波診断によるところの早期妊娠診断だということです。しかし、早期に妊娠鑑定すればするほど、その妊娠が自然ロスするリスクも高まることが明らかで、ホルモン処理による妊娠ロスはさらに高まる可能性があり、そのロス率は無視できない高さになっている場合があるということです。

それらが、「妊娠診断＋」と言われた後に見事な発情によって認識できる場合はよいのですが、それらが「発情が観察されない牛」として埋もれてしまうことも多くあるので、そうしたことに対する注意と認識が必要になります。

そしてさらに、この早期妊娠診断後に再度定時授精（リシンク・Resynch）をするときに、そうした早期の妊娠ロスに加えて、その速さが、もしかすると逆効果になるかもしれないとFrickeは警告しています。

### 3）リシンク（Resynch）：妊娠鑑定日と再同期化開始日

リシンクは言葉のとおり、「再オブシンク（再排卵同期化）」の意味です。より速やかな2回目以降の授精を目指して考えられました。すなわち、妊娠鑑定予定日の1週間前にGnRHを投与しておいて、妊娠鑑定日にマイナスであったものは、すぐにPGを投与することができるというものです。前述した超音波診断による早期妊娠診断が、より早期のリシンクを可能にしましたが、はたしてどういったタイミングで妊娠鑑定とリシンクを行なえばよいかという試験がFrickeらによって行なわれました。

**図9-63**は、プレシンク・オブシンク処置が行なわれて授精済みの牛711頭を3群に分け、19日目にGnRH（G）を注射しておき、26日目に妊娠鑑定をして、マイナスの牛には同時にPG（US：超音波＋PG）を注射し、その2日後にGnRHと定時授精（G＋TAI）を行なった群（D19）、26日目に妊娠鑑定をしてマイナスのものにGnRH（US＋G）を注射し、35日目にPG、37日目にGnRHと定時授精（G＋TAI）を行なった群（D26）、そして33日目に妊娠診断しマイナスのものにGnRH（US＋G）を注射、40日目のPG、42日目のGnRHと定時授精（G＋TAI）を行なった群（D33）の三つの群を作りました。すなわち、再授精のためのオブシンク（リシンク）開始日を授精から19日目、26日目、33日目としたわけです。この試験から、いろいろなことがわかりました。

**表9-10**は、その結果です。第1回の妊娠鑑定の結果は、19日、26日のものが33日目のものより高くなっていますが、2回目の妊娠鑑定では、その差がなくなっています。これは、その間の妊娠ロスによるものです。D19とD26からリシンクを始めたものは、その間の妊娠ロスが28％にもなっていることがわかりました。

また、一連のこれらの試験から、最終的な妊娠率は、33日目からリシンク

図9-63　超音波診断による早期妊娠診断とリシンクのタイミングの試験

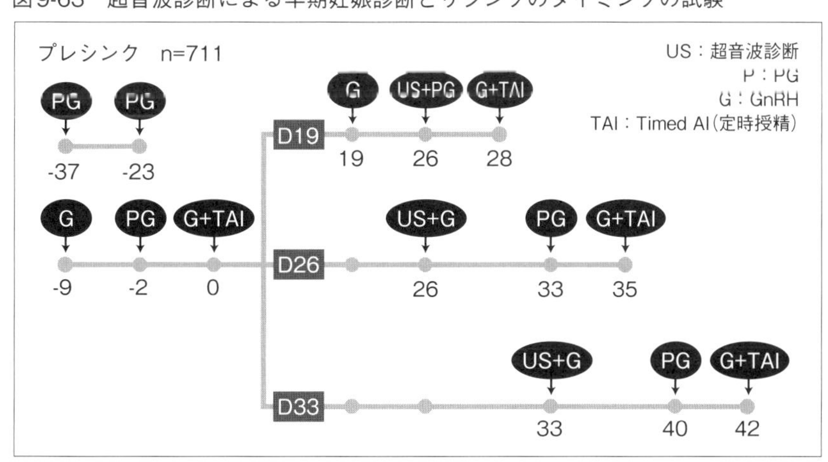


（Paul M. Fricke）

表9-10　図9-63の試験結果

| | D19 | D26 | D33 | 全体 |
|---|---|---|---|---|
| 1回目妊娠鑑定までの日数 | 26 | 28 | 33 | |
| 第1回妊鑑妊娠率%（妊娠/受精） | 46 | 42 | 33 | 40 |
| 2回目妊娠鑑定までの日数 | 68 | 68 | 68 | |
| 第2回妊鑑妊娠率%（妊娠/受精） | 33 | 30 | 29 | 31 |
| 妊娠ロス% | 28 | 28 | 12 | 23 |
| 妊娠率%（妊娠/受精） | 23 | 34 | 38 | 32 |

（Adapt from Fricke 2003）

したものが有利になると報告しました。少なくとも妊娠鑑定が26日から行なうことを前提に、授精後19日目くらいからGnRHを注射しておくことは、あまり利益的ではないとFrickeは結論づけたのです。その理由の一つは、そのリシンクを開始する時期と、今までに何回も出てきた卵胞波との関係です。平均的な発情間隔を23日（Savio, 1990、Pursley, 1993、Sartori, 2002）として考えると、その同期化開始日がD19では、発情周期の終わりに近く、D26は発情の直後に当たってしまいます。これに比べD33はその中期に当たり、オブシンクに適した時期にぶつかる可能性が高いからではないかとFrickeは推測しました。

したがって、より早く妊娠鑑定できるという技術と、ホルモン処理による定時授精という優れた技術を無差別に合体させること（より早い再授精プログラム）に、ある警鐘を鳴らしたことになります。また同時に、その時期の妊娠ロスの多さから、その妊娠鑑定日にも一定の猶予期間があるほうが良いのではないかと、その超早期妊娠鑑定に疑問を投げかけたのです。

基本的に月に一度あるいは二度しか訪問できない日本での一般的な検診体制に、こうした研究成果をそのまま受け入れることはできないとしても、それらの事実とどう折り合いをつけさせるかが問われているのかもしれません。

## 10 新技術を利用した繁殖マネージメント

### 1）これまでの新技術のまとめ

図9-64は、改訂前の本章で示したPG2ショットを利用したプレシンク、オブシンク（定時授精）、リシンクの流れを示していますが（Moore, 2006）、も

図9-64　プレシンク、オブシンク、リシンクの流れ

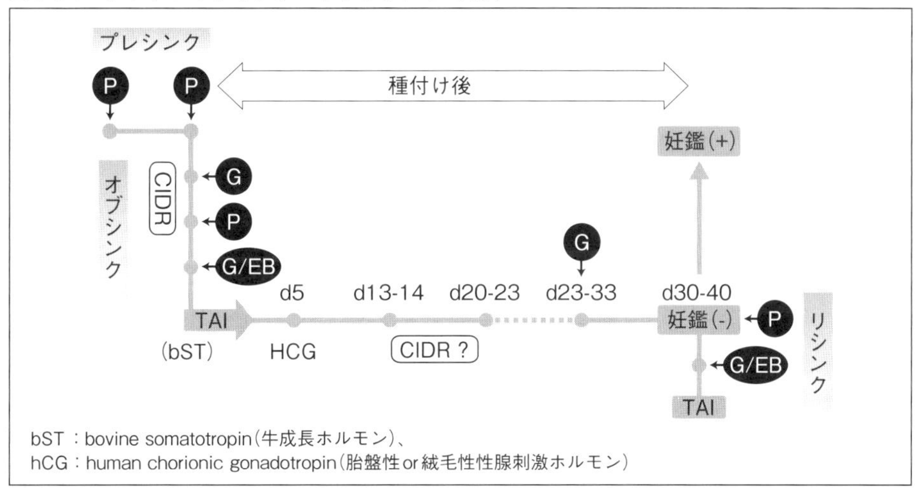


(Adapt from Moore 2006)

図9-48　ダブルオブシンクとリシンクプロトコール

| 日 | 月 | 火 | 水 | 木 | 金 | 土 |
|---|---|---|---|---|---|---|
| | | | | | GnRH | |
| | | | | | PG | |
| | GnRH | | | | | |
| | GnRH(G1) | | | | | |
| | PG1 | PG2 | GnRH(G2) | TAI(d0) | | |
| | 24h | 32h | 12-16h | | | |
| | | | | | | |
| | | | | | | |
| | G1(d25) | | | | | |
| | Preg-(d32)<br>CL+ PG1<br>or<br>CL- G1+CIDR | PG2<br>CIDR | G2<br>CIDR | TAI(d0)<br>CIDR | CIDR | CIDR |
| | G1(-CIDR) | PG2 | G2 | TAI(d0) | | |

(P. Fricke 2015)

ちろん現在でも有用な理論と方法に変化はありません。そして今回は、ウイスコンシン州立大学で示されたダブルオブシンクによる定時授精とリシンクプロトコールについてページを割いて紹介しています（図9-48）。

また、前述したように、Giordano（2015）らは、PG2ショットによるプレシンクに続き、妊娠鑑定時マイナスで20㎜以上の黄体があるときは、直接的にPGによって再授精を促し、その間に発情徴候を示さなかったものに対しては、その9日後に5日間のシダーオブシンクをする。また、妊娠鑑定マイナスで黄体がないか20㎜以下の黄体がしかないときには、その後2日間だけ発情の再発を観察し、再発があれば授精をし、なければ2日後にそこで初めてリシンクのためのGnRH（G1）を投与後、7日後に5日間のシダーオブシンクを施すことによってコストの削減ができると同

時に、その妊娠スピードに差のないことを報告しています。さらに同Giordano（2012）らは、プレシンクに対するhCG（human chorionic gonadotropin：人絨毛性性腺刺激ホルモン）を利用した繁殖性の向上も報告し、あるいはリシンクと血液検査による妊娠関連蛋白質（PAG：Pregnancy associated glycoprotein、日本でも商業的分析可能）分析結果を併用することによって、授精間隔を短縮できることなどを次々に報告（2012）しています。

この分野の研究はまさに日単位で変化しています。今後は、これらの普及と、さらなる改良案がまだまだ出現してくることでしょう。獣医師のみならず、生産者にとっても目の離せない分野です。これらの研究結果と現場をつなぐ獣医師の役割は、さらに大きくなっています。

## 2）繁殖管理の新技術と将来

〔㈱ゆうべつ牛群管理サービス・安富 一郎〕

### （1）活動量のモニターとその経済性

目視による発情発見は理想の姿でしょう。しかし、規模拡大や高泌乳による発情徴候を示す時間の短縮、それに滑りやすい床面や跛行問題の深刻化などによって、発情発見を困難にする状況は多くなってきました。それに伴い定時授精プログラムが普及し、その受胎率を高めようと、さまざまな方法が考案されました。

しかし、定時授精は複数回のホルモン処置が必要で、それに対する薬剤コストと、牛を捕まえ処置を行なう労力と時間を要することが別の問題としてあがってきます。

そこで現在、足やネックカラーに機器を付け、活動量から発情を発見するシステムが一般化されてきました。その方法は、①足に付けて歩数を測定する、②ネックカラーに付けて牛の動きを測定する、③足に付けて、歩数だけでなく、起立・伏臥の行動を含む総合的な活動を測定する、に分かれます（**表9-11**、北米で利用可能なシステム）。多くのシステムが国外の搾乳機器の会社やAI会社によるものであるが、国内でも「牛歩（㈱コムテック）」といった製品は早

表9-11　北米で利用可能な発情発見システム

| システム名 | 会社 | データ通信 | センサー | 検出法 | インターフェース |
|---|---|---|---|---|---|
| AfiTag Pedometer Plus | AFKM<br>ABCGlobal | Portal,RF | 歩数計 | 2D | PC |
| ALPRO | DeLaval<br>Genex/ORI | RF | ネックカラー | 3D | PC |
| Cow Alert | Alert Genetics | RF | 歩数計 | 2D | PC |
| Cow Soouts | GEA<br>Westfalia Surge<br>Aocelerated Genetics | Portal,RF | 歩数計 | 2D | P |
| Cow Manager SensOor | Agis | RF/WiFi | イアータグ | 3D | ウェブ |
| Heatime | SCR<br>Micro Dairy Logic<br>Select Sires<br>Lely | Infraed Portal<br>RF（LD） | ネックカラー | 2D | PC 端末機 |
| ai24 | Semex | Infraed Portal | ネックカラー | 2D | PC 端末機 |
| Heat Seeker Ⅱ+ | Boumatic | Portal<br>RF | ネックカラー<br>歩数計 | 2D | PC |
| Select Detect | Select Sires | RF | ネックカラー | 3D | PC |
| Track a Cow | Animart | RF | 歩数計 | 2D | PC |

RF：無線、Portal：パーラーでデータ取得、WiFi：クラウド、RF（LD）：長距離可能な無線

くから使われてきました。

こうした活動量をモニターするシステムは、通常の目視による発情発見と比較研究されました。スタンディングヒート（他牛に乗駕され、それを許容する発情行動）をセンサーで認識するHeat Watch（Cow Chips LLC）と活動量モニター（Select Detect, Select Sires Inc.）を用い、スタンディングヒートの開始から排卵までの時間、または機器の発情検出から排卵までの時間を測定したのが図9-65・66です。活動量モ

図9-65　乗駕開始からと、活動量での発情検出から排卵までの時間①

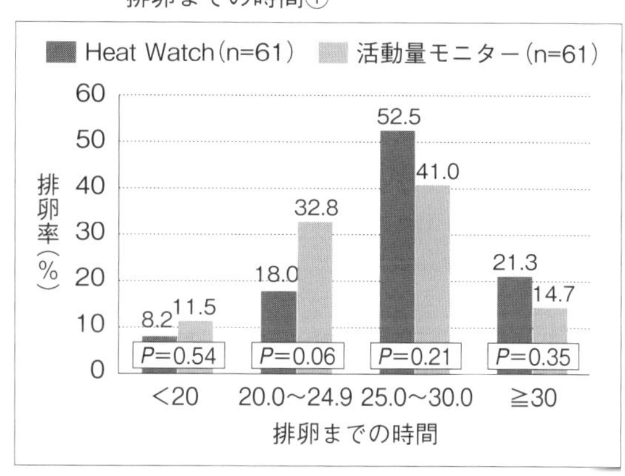


図9-66　乗駕開始からと、活動量での発情検出から排卵までの時間②

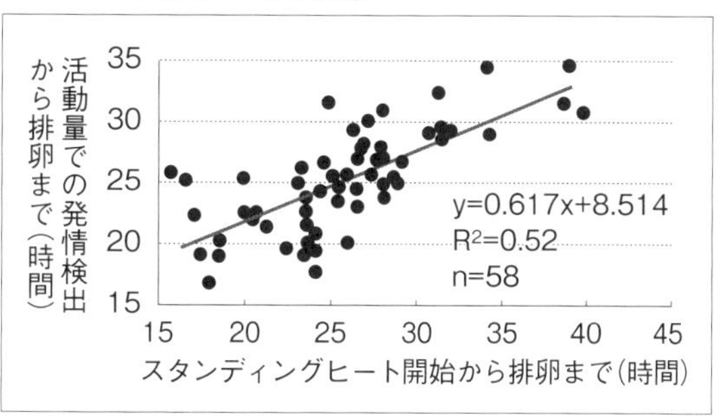

ニターのほうが、やや早く排卵が起こるような傾向が見られましたが、平均時間とすれば1.5時間とわずかな違いでしかなく、スタンディングヒートの開始からAM-PMで授精すると最も受胎率が高いという、今までの方法にも適用できるとわかります。

また実際の一つの牛群を使い、これまでどおりプレシンク／オブシンク56で繁殖管理を行なった牛（413頭）と、活動量モニターを使って管理された牛（394頭）の受胎状況を比較しました。その様子は**表9-12・図9-67**のとおりで、分娩後早期に受胎した頭数が多いのは、活動量モニターのほうであることは一目瞭然です。活動量モニターのシステムを使った発情発見のほうが受胎率は低いですが、それを打ち消す発情発見率の高さが、最終的に繁殖管理の成果を上げることにつながっているとわかります。つまり、このシステムは、発情発見率の向上を高めるためのシステムであり、そのことを確認しなければなりません。

表9-12　定時授精と、活動量モニター管理での受胎状況の違い

| | システム | |
|---|---|---|
| | 定時授精 | 活動量モニター |
| 頭数 | 413 | 394 |
| 初回授精開始までの日数 | | |
| 初産牛 | 76.1±0.6 | 64.1±0.6※ |
| 経産牛 | 74.3±0.5 | 67.6±0.5※ |
| 初回受胎率（%） | | |
| 初産牛 | 38.6 | 36.4 |
| 経産牛 | 41.0 | 24.7※ |
| 総受胎率（%） | 44 | 35 |
| 発情発見率（%） | 42 | 74 |
| 分娩後150日までの妊娠牛割合（%） | 52 | 68 |

※統計学的有意差あり（P<0.05）

図9-67　定時授精と、活動量モニター管理での受胎状況の違い

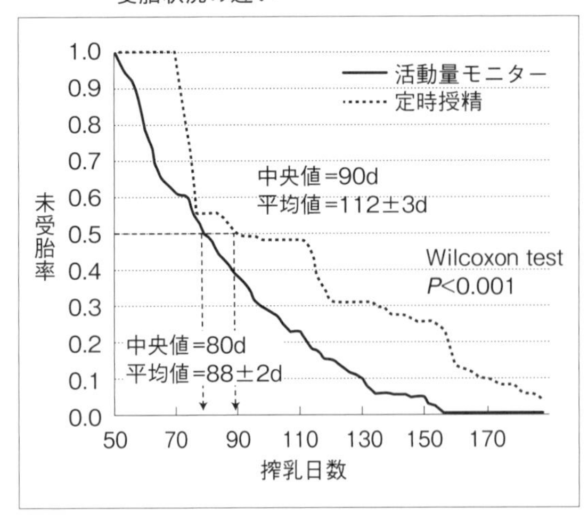


また、活動量モニターを使うことでの経済性についての検討も始められました。ベースラインとして、発情発見率30％の牛群が活動量モニターシステムを導入したとします。その際に、①発情発見率の増加を10％単位で30~80％まで変化、②タグ1つ当たりのコストは90～120ドル、③

タグの寿命の差は3・5・7年間、④発情発見にかける労働コスト（効率）を変動させて、ベースラインとの1頭当たりの利益をシュミレーションしました。図9-68がその結果で、もしタグが120ドルで寿命が3年しかない場合は、30％から70％まで発情発見率が上昇しなければ、その投資は有効ではないことになります。しかし、同じタグを7年間まで使えるのであれば、30％から40％に10％上がっただけで、わずかですがコスト有利性が出せることになります。タグのコストや寿命、現状の繁殖管理のコストが、システムの経済的有効性に大きく影響しているとわかります（http://dairymgt.info/tools.phpを参照）

図9-68　活動量モニターシステムの経済性

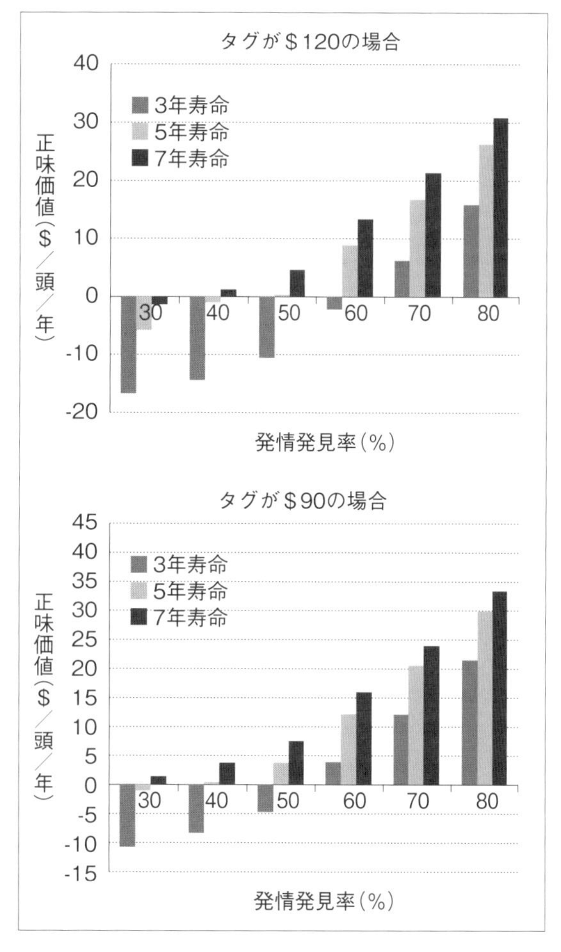


## (2) ジェネティクスによる繁殖改善

図9-69は、1950年以降の個体乳量の変化と、種雄牛の娘牛妊娠率（DPR）の推移です。右上がりに乳牛の泌乳性は増加した要因として、種雄牛の泌乳性における選抜があったことは皆が認めるところでしょう。その反面、種雄牛の繁殖性を指すDPRは、2000年前半まで低下の一途をたどってきました。それがV字に回復するきっかけになったのは、乳牛の総合指数であるTPI（Total Performance Index）の公式中に繁殖に関する因子の重み付けが加わり、さらにその重み付けも増してきたからです。

図9-70は、過去3回のTPIの公式で、最下段が2015年春に公開された最

図9-69　アメリカの個体乳量と娘牛妊娠率の推移

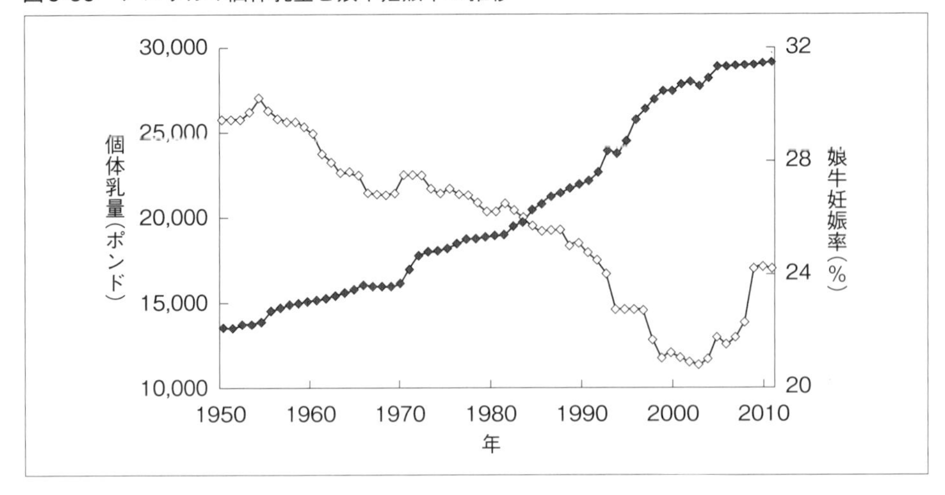


図9-70　アメリカTPI公式の変遷

$$\left[26\left(\frac{PTAP}{19.4}\right) + 16\left(\frac{PTAF}{23.0}\right) + 10\left(\frac{PTAT}{.73}\right) - 1\left(\frac{DF}{1.0}\right) + 10\left(\frac{UDC}{.8}\right) + 5\left(\frac{FLC}{.85}\right) + 14\left(\frac{PL}{1.26}\right) - 5\left(\frac{SCS}{.13}\right) + 10\left(\frac{DPR}{1.0}\right) - 2\left(\frac{DCE}{1.0}\right) - 1\left(\frac{DSB}{0.9}\right)\right] 3.7 + 1815$$

$$\left[26\left(\frac{PTAP}{19.4}\right) + 16\left(\frac{PTAF}{23.0}\right) + 10\left(\frac{PTAT}{.73}\right) - 1\left(\frac{DF}{1.0}\right) + 10\left(\frac{UDC}{.8}\right) + 5\left(\frac{FLC}{.85}\right) + 14\left(\frac{PL}{1.26}\right) - 5\left(\frac{SCS}{.13}\right) + 10\left(\frac{DPR}{1.0}\right) - 2\left(\frac{DCE}{1.0}\right) - 1\left(\frac{DSB}{0.9}\right)\right] 3.7 + 1815$$

$$\left[27\left(\frac{PTAP}{19}\right) + 16\left(\frac{PTAF}{22.5}\right) + 3\left(\frac{FE}{44}\right) + 8\left(\frac{PTAT}{.73}\right) - 1\left(\frac{DF}{1}\right) + 11\left(\frac{UDC}{.8}\right) + 6\left(\frac{FLC}{.85}\right) + 7\left(\frac{PL}{1.51}\right) - 5\left(\frac{SCS}{.12}\right) + 13\left(\frac{FI}{1.25}\right) - 2\left(\frac{DCE}{1}\right) - 1\left(\frac{DSB}{.9}\right)\right] 3.9 + 2187$$

新のものになります。そこでは、今まで使われてきたDPRではなく、繁殖総合指数を指すFI（Feitility Index＝18％、Heifer Conception Rate＋18％、Cow Conception Raye＋64％、Daughter Pregnancy Rate）に変更になっています。係数も13と重み付けが増していますから、繁殖性の良い種雄牛の選抜が強まったことになります。

ここでDPRについて簡単にします。**図9-71**に二つの種雄牛があり、それぞれのDPRは＋5.4と－3.3となっています。DPR＋1.0は空胎日数を4日短縮させるとされ、＋5.4の種雄牛を使うことで、その娘は同居牛よりも22日短縮する、または－3.3の娘と比較すると35日短縮するということが期待されます。しかし、こうした管理に関する遺伝形質は乳量や体型よりも遺伝

図9-71　種雄牛によるDPRの違い

| 種雄牛A | 種雄牛B |
|---|---|
| 娘牛 | 娘牛 |
| +5.4DPR | -3.3DPR |

率が低く、反対にいえば、遺伝以外の要因のほうが強く影響すると考えなければなりません。ただ種雄牛の選抜には、DPRやFIに注目することは重要なことだと考えます。

また最近、ゲノム（Genome）という用語をよく耳にするでしょう。これは、遺伝子レベルのデータに基づいて、種雄牛の選抜に従来用いられてきた後代検定の結果を推定し、ついには、それに基づいて精液を市場に出すという新しい技術革命です。ゲノムの信頼性は、現在ではファーストクロップ（後代検定用精液で生産された雌産子）のそれとほぼ同等であるとされます。つまり、ゲノムという技術は、種雄牛の候補牛の誕生から5年近くかかっていた検定を、生後すぐに判断できるという画期的な技術であるわけです。

それを牛群の後継牛に適用すると、どういったことが可能性としてあるのでしょう。アメリカで行なわれているゲノムテストの結果の一部を紹介します。

**表9-13**で、色塗りされたところが繁殖に関する部分で、ほかにも乳量（Milk）や乳成分、飼料効率（FE）や体細胞数スコア（SCS）、生産寿命（PL）のゲノム結果も出ています。さまざまなゲノム情報に基づき、農場で牛のランキングを行ない、育成期に選抜を行なうことも可能になります。ゲノム情報は、種雄牛でいうファーストクロップの成績に使えるほど信頼度が上がっていますから、戦略的に繁殖を行なう便利なツールになり得ると考えます。

一つの例をあげると、**図9-72**はNM＄（ネットメリット、アメリカのインデックスの一つ）を軸にした育成牛の分布を示しています。それを使えば、

①育成牛に余裕がある場合、下位10％は早期に販売してしまう。

表9-13　ゲノミックの効果

| Official ID | Birth Date | NM$ | CM$ | FM$ | GM$ | TPI | Milk | Fat | Prot | Fat % | Prot % | FE | SCS | DPR | HCR | CCR | FI | PL |
|---|---|---|---|---|---|---|---|---|---|---|---|---|---|---|---|---|---|---|
| HOUSA000057464885 | 2014/12/25 | 171 | 162 | 193 | 138 | 1755 | 720 | 2 | 17 | -0.09 | -0.02 | 25 | 3.07 | -0.5 | 1.1 | 1.6 | 0.2 | 2.8 |
| HOUSA000057464886 | 2014/12/27 | 369 | 384 | 333 | 358 | 2147 | 944 | 32 | 36 | -0.01 | 0.03 | 84 | 2.92 | 1.1 | -0.8 | 0.1 | 0.6 | 2.2 |
| HOUSA000057464887 | 2014/12/28 | 20 | 6 | 49 | -26 | 1592 | 1309 | 23 | 33 | -0.08 | -0.02 | 64 | 3.08 | -2.7 | -1.6 | -2.6 | -2.5 | -3.7 |
| HOUSA000057464888 | 2014/12/29 | 412 | 408 | 420 | 468 | 2115 | 533 | 25 | 14 | 0.02 | -0.01 | 52 | 3 | 3.9 | 3.5 | 5.4 | 4.1 | 5.1 |
| HOUSA000057464889 | 2014/12/31 | 132 | 162 | 59 | 184 | 1862 | -94 | -12 | 16 | -0.03 | 0.07 | 22 | 3.06 | 2.9 | -0.9 | 2 | 2.1 | 1.8 |
| HOUSA000057464890 | 2015/01/01 | 229 | 229 | 229 | 189 | 1815 | 666 | 25 | 21 | 0 | 0 | 59 | 3.09 | -0.6 | 0.7 | 0.4 | -0.2 | 2.2 |
| HOUSA000057464891 | 2015/01/01 | 172 | 186 | 137 | 135 | 1755 | 597 | 0 | 28 | -0.08 | 0.04 | 52 | 3.11 | -0.7 | 0.2 | 0.7 | -0.3 | 2.1 |
| HOUSA000057464892 | 2015/01/01 | 139 | 133 | 153 | 103 | 1850 | 992 | 19 | 24 | -0.07 | -0.02 | 37 | 2.87 | -0.8 | -2.3 | -2 | -1.3 | -0.4 |
| HOUSA000057464893 | 2015/01/03 | -71 | -82 | -47 | -91 | 1522 | 497 | 3 | 12 | -0.06 | -0.02 | 14 | 3.16 | -1.7 | -2.4 | -2.6 | -2 | -3.3 |
| HOUSA000057464894 | 2015/01/04 | 109 | 123 | 77 | 120 | 1822 | 182 | 2 | 14 | -0.02 | 0.03 | 25 | 3.04 | 0.5 | -0.4 | 0.9 | 0.4 | 0.5 |
| HOUSA000057464895 | 2015/01/05 | 271 | 269 | 276 | 279 | 1919 | 586 | 12 | 15 | -0.03 | -0.01 | 36 | 2.9 | 2.1 | 0.9 | 0.9 | 1.7 | 3.7 |
| HOUSA000057464896 | 2015/01/06 | 257 | 271 | 221 | 271 | 1912 | 462 | 18 | 24 | 0 | 0.04 | 63 | 3.08 | 1.6 | 1.1 | 2.5 | 1.7 | 2.5 |
| HOUSA000057464897 | 2015/01/09 | 162 | 165 | 156 | 141 | 1827 | 706 | 8 | 21 | -0.07 | 0.01 | 37 | 2.92 | -0.2 | -1.3 | -0.2 | -0.4 | 0.8 |

図9-72　NM＄での育種改良戦略例

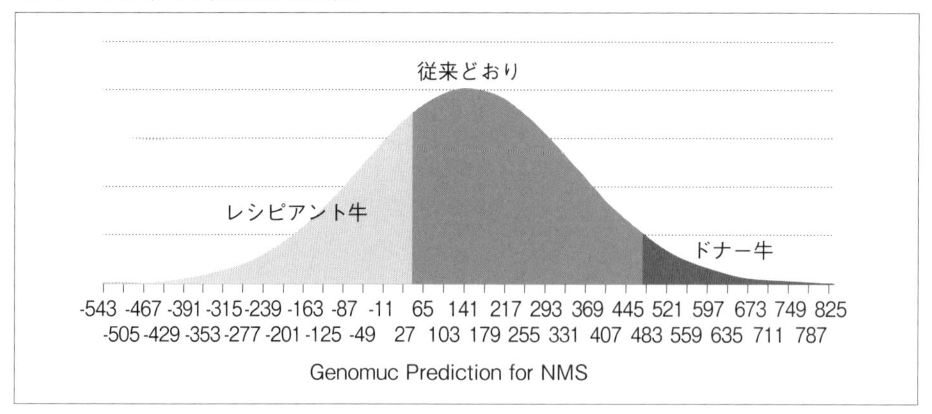


②下位の牛の娘は残さない：ゲノム上位牛の受精卵または和牛受精卵の受卵牛やF1で受胎。

③上位50%：積極的に雌判別精液を用いる。

④上位10%以上：ドナー牛として受精卵を回収し、②の受卵牛に移植する。

という戦略も立てられます。乳用牛群を種雄牛の検定と同じように、時間を短縮して改良を加速することも夢ではなくなってきました。

また、ゲノムとして体細胞数や難産、または死産率といった管理形質を知っておくことも、その後、役に立つ情報になります。現在はゲノムを用いた研究が猛烈に実施されており、すぐ先には、ケトーシスや子宮炎、第四胃変位や蹄病に罹りやすい牛も、出生直後に予測することもできるようになるでしょう。ゲノムとは、こういった技術です。

## 3）ゲノムが現場に及ぼす効果を検証する

〔㈱トータルハードマネージメントサービス・奥 啓輔〕

種雄牛のポテンシャルがどの程度娘牛に遺伝し、酪農場の経済性に影響を及ぼしているのかを、種雄牛の娘牛妊娠率（DPR）を使って検証してみました。

先に述べたとおり、種雄牛でDPR＋1.0は、娘牛の空胎日数を4日短縮させるだけの能力を遺伝するとされています。これは、日本の種雄牛では評価されていない数値です。そこで、ABS社の遺伝管理システム（GMS）を採用して5年以上経過しており、ほとんどの初産〜2産目の種雄牛が輸入精液である2戸の酪農場における、種雄牛のDPRの差がどの程度繁殖に影響を及ぼしているのか、Dairy Comp 305（米国のデーリィコンプ305プログラム＝牛群管理プログラ、Valley Agricultural Software）を利用して調べました。

**【A牧場全体の繁殖成績】**　搾乳牛：400頭　妊娠率：22％　空胎日数：120日

A牧場：初産＋2産

| | 頭数 | 妊娠率 | 空胎日数 |
|---|---|---|---|
| DPR＞0（Avg. DPR ＋1.5） | 133頭（受胎牛93頭） | 25% | 109日 |
| DPR＜0（Avg. DPR －1.5） | 91頭（受胎牛57頭） | 23% | 127日 |
| Total | 224頭（受胎牛150頭） | 24% | 116日 |

**【B牧場全体の繁殖成績】**　搾乳牛：150頭　妊娠率：19％　空胎日数：122日

B牧場：初産＋2産

| | 頭数 | 妊娠率 | 空胎日数 |
|---|---|---|---|
| DPR＞0（Avg. DPR ＋1.3） | 52頭（受胎牛30頭） | 25% | 116日 |
| DPR＜0（Avg. DPR －2.6） | 23頭（受胎牛15頭） | 16% | 119日 |
| Total | 75頭（受胎牛45頭） | 21% | 117日 |

両牧場ともに、平均妊娠率や空胎日数は良好な牧場ですが、このようにDPRを大きく0以上と0以下で分けて比較してみると、妊娠率や空胎日数に差が出てくる傾向が見られました。

今後、ゲノム解析の精度がさらに向上するにつれ、こうした種雄牛のDPR値を考慮した授精戦略と、それを支える繁殖管理プログラムの重要性が増してくるのではないかと思われました。

# 第10章

# 発情を見つけ種を付ける

これまで繁殖に関わる問題について、「人との関わり」という切り口から述べてきました。繁殖を語れば、それは飼料・環境・周産期・乳房炎・蹄病・感染症など、多岐にわたる側面があることは周知のことですし、むしろ、それらに関して述べられているものが多くあります。したがって、ここでは、そうした部分の解説はほかに任せ、「現場における人の役割」という観点から、あえて述べさせてもらいました。

後半の「獣医師の役割」と「ホルモン療法」に関する記述は、今まであまり述べられることが少ないので、あえてその流れを述べるとともに、今回、さらにオブシンク理論と方法論に関して、その推移を述べました。それらを理解することが、無駄なホルモンの利用をなくし、成績を向上させることにつながると同時に、今後の新たな研究を理解する助けにもなると考えます。

何度も書いてきたように、**繁殖の基本は、牛が本来の自然発情を示し、それを酪農家が効率良く発見し、最高の技術で授精師が、それを積極的に授精すること**です。獣医師は普段の診療のなかから、前述した周産期・乳房炎・蹄病・感染症から農場を守るとともに、繁殖検診などを通して効率的な群管理のお手伝いをし、さらにもう一歩進めた農場とのコミュニケーションによって農場の利益を確保することに努めなければならないのでしょう。

繁殖管理はサイクルであって、いつ終わることのないものです。ときに退屈を感じることが、とくに若い酪農家や獣医師にはあるかもしれませんが、日常のルーチンとしてとらえる必要があるし、エキサイティングな場面も考え方でいっぱいあります。例えば、著者は、その検診で見過ごされそうな発情を見つけたら、それは妊娠プラスにも増してうれしい気持ちになります。これは本当ですよ。

＊

繁殖管理と人の役割として、繁殖管理における直接的な技術を述べてきましたが、最後に、繁殖の「結果と過程」について触れさせてください。多くの酪農家や獣医師が利用するホルモン処置などによる発情の同期や定時授精などは、良い結果を求めての「過程」なのですが、その結果は、ときに有効であり、ときに無意味であったり､逆にコストが増してしまう危険性が常にあったりと、いくつかの報告のなかからも、それを見て取ることができます。

これは先に述べたように､牛を取り巻く､いわゆる飼養環境(マネージメント)による影響の結果でもあるからで、それが、その過程における、それらの処置に大きな影響を与えているからにほかなりません。したがって、繁殖管理そのものの過程のなかで、繁殖を良くしようと、そこに力点を置きすぎると、検診の有効性に疑問が生じたり、間違った深みにはまる可能性もあることを、あえて最後に添えさせてもらいます。

繁殖管理における直接的（過程的）繁殖管理技術は、本書で紹介した流れからも理解されるように、日進月歩というよりは、時進日歩、あるいは分進時歩というくらい､その速度を増していることも事実です。しかし､その基本は､｢やはり発情を見つけ種を付ける」という、100年間変わらないことなのだと思います。

図10-1は、フランスにあるヨーロッパ野牛の洞窟絵（Aurochs Bull）です。紀元前1万年前の人が､牛の発情を観察していたのです。はたして､われわれは、この1万年以上の経過のなかで、発情発見にどれほどの進化を示したのでしょうか？

オブシンクプログラムの研究で有名なウィスコンシン州立大学のP. Frickeの、その著書「乳牛における発情の発現と発見：新技術の役割（Expression and detection of estrus in dairy cows: The role of new technologies）｣のなかで、｢授精のためのホルモン処理による同調プログラムがどんなに普及しようと、

図10-1　Aurochs Bull（ヨーロッパ野牛の洞窟絵、10,000 BC）

全体像としての繁殖マネージメントにおいて“発情を見つける”行為は依然として重要である」とその冒頭に記しています（P. Fricke, 2014 Animal）。本書を通して、その意味を今一度確認することができれば幸いです。

本書は、常に筆者達がお世話になっている農場の方々の顔と、その言葉を思い浮かべながら、そして自分自身への問いかけを含めて書いてきました。ありがとうございました。

## 【著者プロフィール】

### 黒崎 尚敏（くろさき なおとし）／獣医師

・昭和52年酪農学園大学獣医学科卒業
・根室地区NOSAI勤務の後、平成4年から米国タフツ大学獣医学部聴講生、ウィスコンシン州Total Herd Management Service社にて研修
・平成6年㈱トータルハードマネージメントサービス設立
・平成19年「乳牛における食餌性陰イオン塩を利用した乳熱予防に関する研究」で獣医学博士号（北海道大学大学院）取得。その間、宇都宮大学農学部および帯広畜産大学獣医学部非常勤講師、乳質と乳房炎コントロール太平洋国際会議（PC2000）組織委員などを歴任。平成20年より日本獣医学会評議員
・臨床獣医師としての活動のかたわら酪農雑誌や獣医師雑誌への執筆のほか、セミナーや研修会などの講師として活躍
・著書「マネージメント情報」（デーリィ・ジャパン社、平成15年）、「それでも基本は発情を見つけて種を付ける」（デーリィ・ジャパン社、平成19年）

### 安富 一郎（やすとみ いちろう）／獣医師

・平成5年帯広畜産大学畜産学部獣医学科卒業
・遠軽地区NOSAI中央診療所勤務（現在オホーツクNOSAI湧別診療所）
・平成17年ゆうべつ牛群管理サービス設立（18年法人化）
・最新技術を取り入れた繁殖検診、栄養管理、さまざまなトラブルシューティングやアドバイスを行なっている。また、大学スタッフなどと積極的に関わり、現場のデータを活かしながら各種の研究も行ない、講演や執筆活動も精力的に行なっている
・北海道大学獣医学部非常勤講師（乳牛生産獣医学）

### 鈴木 保宣（すずき やすのぶ）／獣医師

・昭和53年北海道大学獣医学部獣医学科卒業
・愛知県の農協に就職し臨床や購買を経験した後、平成4年㈲あかばね動物クリニックを設立
・診療のほか、繁殖、乳房炎、蹄病、栄養、防疫、哺育、育成、暑熱対策など幅広い分野でアドバイスを行なっている。最新技術を積極的に取り入れ、現場で活用するとともに、全国を飛び回って技術の普及や講演活動を行なっている

### 奥 啓輔（おく けいすけ）／獣医師

・平成23年東京農工大学農学部獣医学科卒業
・平成23年㈱トータルハードマネージメントサービスに入社し活躍中


**改訂版 それでも基本は 発情を見つけて種を付ける**

著者　黒崎 尚敏　安富 一郎　鈴木 保宣　奥 啓輔

印刷　2016年2月4日　発行　2016年2月18日

発 行 所：㈱デーリィ・ジャパン社
〒162-0806　東京都新宿区榎町75番地
TEL 03-3267-5201　FAX 03-3235-1736　www.dairyjapan.com

デザイン：㈲ケー・アイ・プランニング
印　　刷：渡邊美術印刷㈱

ISBN 978-4-924506-68-8　定価（本体3,000円＋税）